效率工作术

效率翻倍

工作术

Excel

图表一本通

文渊阁工作室　编著　张天娇　译

U0194607

中国水利水电出版社

www.waterpub.com.cn

·北京·

内 容 提 要

想要高效率地完成提案或分析报告，切忌放上一堆密密麻麻的数字，将复杂的数字转换成重点突出的图表，才能更快抓住客户和老板的心。本书将以日常生活和工作中常用的图表为例，教你如何通过不同的图表类型展现数据，如何通过图表设计抓入眼球，解决工作中的困难，提高职场竞争力。

本书一共分为 8 个单元，分别是建立图表前必学的数据整理技巧、图表的设计原则、用图表呈现大数据、组合式图表的应用、主题式图表的应用、互动式图表的应用、SmartArt图形建立数据图表、图表和其他软件的整体应用。在学会整理数据的基础上，应用多主题的情景案例，综合多类图表的选择和应用，让你成为数据报告的制作高手。

本书适合所有想学习Excel图表设计与制作的人员阅读，也适合所有使用Excel图表进行数据分析和汇报的职场人士参考学习。本书既是初学者的入门指南，也可以帮助中、高级读者进一步提升自己在工作应用中的能力。

北京市版权局著作权合同登记号：图字01-2017-7438

本书经碁峰信息股份有限公司授权出版中文简体字版本。

图书在版编目（ＣＩＰ）数据

效率工作术：Excel图表一本通 / 文渊阁工作室编
著；张天娇译. -- 北京：中国水利水电出版社，
2018.5
 ISBN 978-7-5170-6437-4

Ⅰ. ①效… Ⅱ. ①文… ②张… Ⅲ. ①表处理软件
Ⅳ. ①TP391.13

中国版本图书馆CIP数据核字 (2018) 第094922号

策划编辑：周春元	加工编辑：张天娇 封面设计：李 佳

书 名	效率工作术——Excel 图表一本通 XIAOLü GONGZUOSHU——Excel TUBIAO YIBENTONG
作 者	文渊阁工作室 编著 张天娇 译
出版发行	中国水利水电出版社 （北京市海淀区玉渊潭南路 1 号 D 座　100038） 网址：www.waterpub.com.cn E-mail：mchannel@263.net（万水） 　　　　sales@waterpub.com.cn 电话：（010）68367658（营销中心）、82562819（万水）
经 售	全国各地新华书店和相关出版物销售网点
排 版	北京万水电子信息有限公司
印 刷	北京市雅迪彩色印刷有限公司
规 格	170mm×230mm　16 开本　16 印张　132 千字
版 次	2018 年 5 月第 1 版　2018 年 5 月第 1 次印刷
印 数	0001—3000 册
定 价	48.00 元

本书案例

本书配套有各个案例的练习文件，让您阅读本书内容的同时，搭配多种不同类型且实用的案例作为辅助，在最短的时间内掌握学习重点。

本书的案例文件可以从以下网站下载：http://www.wsbookshow.com/bookshow/jc/bk/qtl/12904.html，在这个网站中的"图书详情"下单击"下载资源"选项，即可下载本书案例的压缩文件，解压缩文件后即可使用。

大部分的案例文件都有两个工作表，如下图所示，工作表命名为"销量表"的是原始的练习文件，而命名为"销量表–ok"的是操作完成后的最终效果。

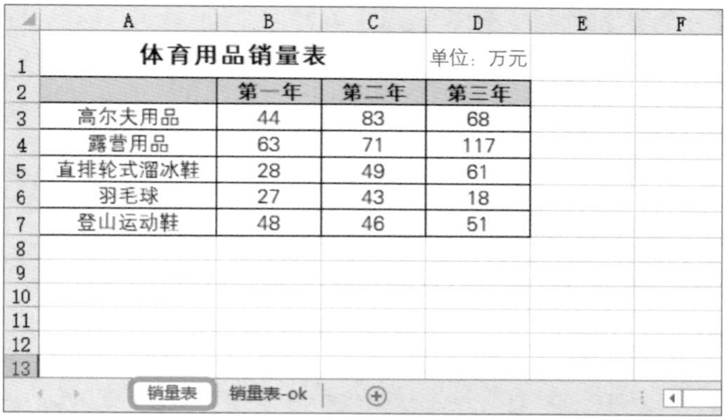

	A	B	C	D	E	F
1	体育用品销量表			单位：万元		
2		第一年	第二年	第三年		
3	高尔夫用品	44	83	68		
4	露营用品	63	71	117		
5	直排轮式溜冰鞋	28	49	61		
6	羽毛球	27	43	18		
7	登山运动鞋	48	46	51		
8						
9						
10						
11						
12						
13						

销量表　销量表-ok　⊕

	A	B	C	D	E	F
1	体育用品销量表			单位：万元		
2		第一年	第二年	第三年		
3	高尔夫用品	44	83	68		
4	露营用品	63	71	117		
5	直排轮式溜冰鞋	28	49	61		
6	羽毛球	27	43	18		
7	登山运动鞋	48	46	51		
8						
9						
10						140
11						120
12						100
13						

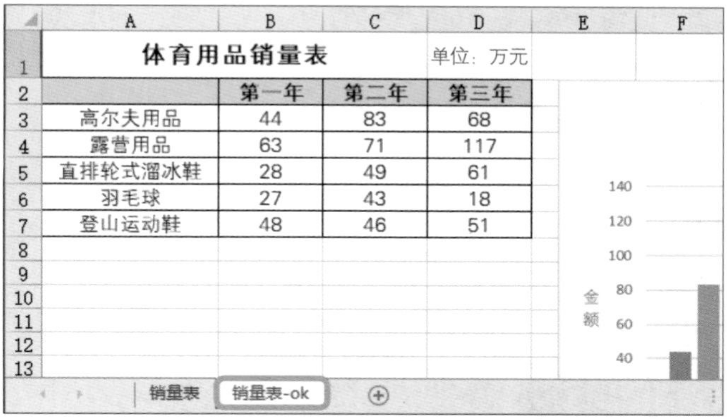

销量表　**销量表-ok**　⊕

目录

本书案例

Part 3 用图表呈现数据

Part 4

组合式图表的应用

Part 5

主题式图表的应用

Part 6 互动式图表的应用

Part 7　SmartArt 图形建立数据图表

Part 8　图表和其他软件的整体应用

建立图表前必学的
数据整理技巧

建立一份图表前必须先输入相关的数据内容，并检查数据和文字的完整性及正确性，再根据需求进行排序或筛选，完成以上操作即可建立合适的图表。

使用简单图表呈现数据

日常生活或工作学习中，人们经常会面对各种支出与收入的计算问题，就算看起来很少的数据，其产生和累积的计算量却十分惊人！除此之外，我们也可以从营业支出、工资收入、差旅花销、广告营销、设备更新等方面挖掘出有用的信息。

通常，人们的阅读习惯会先看图再看文字，所以用图表表示复杂的统计数据比口头表达或使用冗长的数字报告更加简单直观，如右表所示的"年度目标达成情况"统计表。虽然只有"月份""目标值""实际营业收益""差值"四组数据，但并不能让读者一眼就看出数据中包含的信息。

年度目标达成情况			
月份	目标值 （万元）	实际营业收益 （万元）	差值 （万元）
1月	140	230	90
2月	140	202	62
3月	190	256	66
4月	190	136	−54
5月	150	120	−30
6月	200	280	80
7月	200	250	50
8月	220	267	47
9月	220	178	−42
10月	240	245	5
11月	160	189	29
12月	160	205	45

如果能用更出色、更直观的图表来呈现，整体的效果就大大不同了！不仅可以快速地看出哪些月份达到了年度目标值，而且管理人员可以进一步分析图表所传达出来的信息，了解未达到年度目标值的原因。

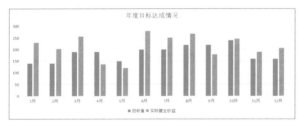

◀ 使用 **柱形图** 呈现"年度目标达成情况"统计表，即可快速看出每个月份实际营业收益和目标值的差距。

◀ 若进一步使用 **折线图**+**柱形图** 的组合图表，则可以更清楚地看出4月、5月、9月没有达到年度目标值，而1月和6月的业绩最好。

2 将数据转化为图表的四个步骤

图表包括柱形图、折线图、条形图、饼图等类别，要将数据转化为图表其实不难，但首先要将数据整理好并选择合适的图表类型进行套用，才能有效地分析出数据中包含的信息。

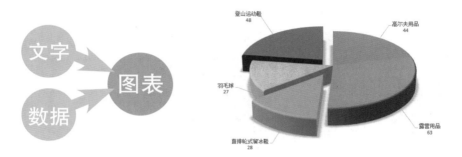

数据转化为图表的四个步骤如下：

（1）整理数据内容

输入相关数据后，在建立图表前要先检查相关数据与文字的完整性、正确性以及是否有不该出现或重复出现的内容，还可以进一步根据数据与文字的重要性进行排序或筛选。

（2）确定图表主题

要想让图表具有吸引力，要先找到数据中有独特性与关键性的重点，或者通过数据反映出的信息确定图表主题，并将其作为开端进行思考继而建立图表。

（3）套用合适的图表类型

图表的类型有很多，更高级的还有组合式图表、互动式图表，但有时最简单的图表（柱形图、折线图、饼图）反而是该数据最适合的呈现方式。这一步骤最主要的就是根据图表的主题选择一个合适的图表类型进行套用。

（4）调整图表的元素与色彩

建立好的图表，其预设的样式与色彩不一定适合这个图表的主题，还需要调整字体、结构、颜色等元素，将图表设计得更加美观。

3 调整行高列宽显示完整数据

在输入数据的过程中，我们会发现有些数据的长度大于单元格的宽度，而使数据无法完整显示，这时可以通过拖曳的方式或根据数据的内容自动进行调整。

Step 1 手动调整行高列宽

当列宽不足以完整显示数据内容时，会用"#"代替，而行高不足时，数据内容则无法完整显示。

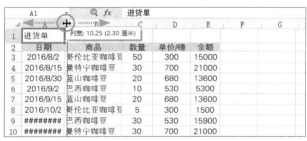

◀ 调整列宽：将鼠标指针移到需要调整宽度的列的右侧边界，当指针呈 ✛ 状时，按住鼠标左键不放，左右拖曳至合适的列宽后放开鼠标左键即可。

◀ 调整行高：将鼠标指针移到需要调整高度的行的下侧边界，当指针呈 ✚ 状时，按住鼠标左键不放，上下拖曳至合适的行高后放开鼠标左键即可。

Step 2 根据内容自动调整行高列宽

将鼠标指针移到需要调整宽度的列的右侧边界，当指针呈 ✛ 状时，双击两下鼠标左键，单元格则会根据该列的内容自动调整列宽（在需要调整高度的行的下侧边界双击两下鼠标左键，单元格则会根据内容自动调整行高）。

	A	B	C	D	E	F	G
1	进货单						
2	日期	商品	数量	单价/磅	金额		
3	2016/8/2	哥伦比亚咖啡豆	50	300	15000		
4	2016/8/15	曼特宁咖啡豆	30	700	21000		
5	2016/8/30	蓝山咖啡豆	20	680	13600		
6	2016/9/2	巴西咖啡豆	10	530	5300		
7	2016/9/15	蓝山咖啡豆	20	680	13600		
8	2016/10/2	哥伦比亚咖啡豆	5	300	1500		

4 单元格样式的套用

Excel中自带的单元格样式能给赶时间或想不出特别样式的使用者提供方便。直接从单元格样式列表框中选择喜欢的样式进行套用，即可快速改变单元格的样式。

Step 1 选择合适的单元格样式

在此给标题套用"蓝色，着色1"的单元格样式。

1 选取数据的单元格范围A2:E2。

2 在"开始"工具栏的"样式"功能区中单击单元格样式列表框右下角的"其他"按钮，在下拉列表中选择"主题单元格样式"中的"蓝色，着色1"。

3 选取数据的单元格范围A3:E10。

4 在"开始"工具栏的"样式"功能区中单击单元格样式列表框右下角的"其他"按钮，在下拉列表中选择"主题单元格样式"中的"浅灰色，40%－着色3"。

Step 2 调整已套用的单元格样式

在单元格样式中，可以直接套用已经预设好的单元格样式，如果不喜欢预设的样式，还可以根据自己的喜好进行调整。

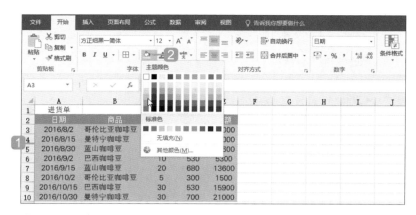

1 选取数据的单元格范围A3:E10。

2 在"开始"工具栏的"字体"功能区中单击"填充颜色"按钮，选择"主题颜色"中的"白色，背景1，深色25%"。

TIPS

更多给单元格填充颜色的方法

1 在"开始"工具栏中单击"字体"功能区右下角的"字体设置"按钮。

2 在弹出的"设置单元格格式"对话框中单击"填充"标签。

3 单击"填充效果"按钮，即可设置多种不同的填充效果。

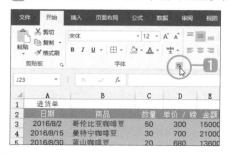 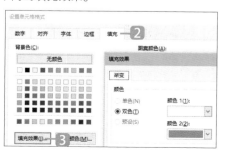

5 给单元格添加边框

给单元格添加边框易于我们更方便地浏览表格中的内容，同时调整单元格的样式与颜色可以改变边框呈现出的效果。

Step 1 选择合适的框线颜色

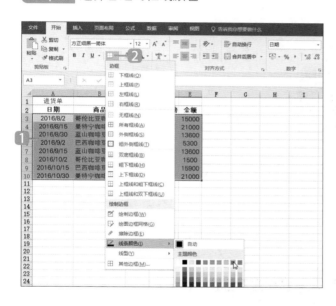

1. 选取数据的单元格范围 A3:E10。

2. 在"开始"工具栏中单击"边框"按钮，在下拉菜单中选择"线条颜色"选项，在颜色面板中选择"蓝色，个性色5"。

Step 2 套用合适的框线样式

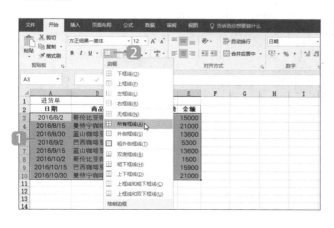

1. 选取数据的单元格范围 A3:E10。

2. 在"开始"工具栏中单击"边框"按钮，在下拉菜单中选择"所有框线"选项，即可给指定的单元格添加框线。

6 调整单元格中内容的对齐方式

将案例中的内容设为"文字左对齐，数字右对齐"，通过调整对齐方式从而将表格中的内容变得更有条理。

Step 1 选取数据

要调整单元格中内容的对齐方式，必须要先选取数据。

选取数据的单元格范围 A3:E10。

Step 2 设定对齐方式

设定单元格中内容的对齐方式，最常用的方法是单击"开始"工具栏"对齐方式"功能区中的相关按钮进行设定。

1️⃣ 在"开始"工具栏"对齐方式"功能区中单击"垂直居中"和"居中"按钮。

2️⃣ 可以看到选取的单元格中的内容均以"垂直居中"和"居中"的方式显示。

7 插入和删除行或列

除了改动现有的内容，还可以随时根据要求增减"行"或"列"，从而改变表格结构。

Step 1 插入行或列的方法

插入行或列时，会在选定要插入的行或列前新增一行或一列，插入行和插入列的操作方法相同，在此仅对插入"行"的操作进行介绍。

① 将鼠标移到第5行上，当鼠标指针呈 ➡ 状时，单击鼠标左键选定此行。

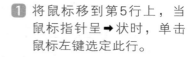

② 在"开始"工具栏中单击"插入"选项中的"插入工作表行"按钮，即可在选定的行上方插入一行空白行。

③ 接着在空白行中输入相关的内容。

Step 2 删除行或列的方法

继续上述操作，在此仍仅对删除"行"的操作进行介绍。

① 选定想要删除的行。

② 在"开始"工具栏中单击"删除"选项中的"删除工作表行"按钮，即可删除选定的行及其中的内容。

8 调整行或列的排列顺序

数据输入完成后，如果想要调整行或列的排列顺序，可以通过按住鼠标左键进行拖曳的方式快速地进行调整。

Step 1 调整行的排列顺序

为了把同类商品放在一起，要将下表中"哥伦比亚咖啡豆"所在行移到表格上方。

	A	B	C	D	E	F	G
1	进货单						
2							
3	日期	商品	数量	单价/磅	金额		
4	2016/8/2	哥伦比亚咖啡豆	50	300	15000		
5	2016/8/15	曼特宁咖啡豆	30	700	21000		
6	2016/8/30	蓝山咖啡豆	20	680	13600		
7	2016/9/2	巴西咖啡豆	10	530	5300		
8	2016/9/15	蓝山咖啡豆	20	680	13600		
9	2016/10/2	哥伦比亚咖啡豆	5	300	1500		
10	2016/10/15	巴西咖啡豆	30	530	15900		
11	2016/10/30	曼特宁咖啡豆	30	700	21000		
12							

1 在需要调整的行上单击鼠标左键选定此行。

2 将鼠标指针移到选定范围的单元格上，鼠标指针呈 ✛ 状。

	A	B	C	D	E	F	G
1	进货单						
2							
3	日期	商品	单价/磅	数量	金额		
4	2016/8/2	哥伦比亚咖啡豆	300	50	15000		
5	2016/8/15	曼特宁咖啡豆	700	30	21000		
6	2016/8/30	蓝山咖啡豆	680	20	13600		
7	2016/9/2	巴西咖啡豆	530	10	5300		
8	2016/9/15	蓝山咖啡豆	680	20	13600		
9	2016/10/2	哥伦比亚咖啡豆	300	5	1500		
10	2016/10/15	巴西咖啡豆	530	30	15900		
11	2016/10/30	曼特宁咖啡豆	700	30	21000		
12							

3 按住鼠标左键的同时按住 Shift 键不放，向上拖曳鼠标到合适的位置上放开鼠标左键和 Shift 键即可。

Step 2 调整列的排列顺序

调整列的排列顺序同调整行的方法相似。

	A	B	C	D	E	F	G
1	进货单						
2							
3	日期	商品	数量	单价/磅	金额		
4	2016/8/2	哥伦比亚咖啡豆	50	300	15000		
5	2016/10/2	哥伦比亚咖啡豆	5	300	1500		
6	2016/8/15	曼特宁咖啡豆	30	700	21000		
7	2016/8/30	蓝山咖啡豆	20	680	13600		
8	2016/9/2	巴西咖啡豆	10	530	5300		
9	2016/9/15	蓝山咖啡豆	20	680	13600		
10	2016/10/15	巴西咖啡豆	30	530	15900		
11	2016/10/30	曼特宁咖啡豆	30	700	21000		
12							
13							
14							

1 选定需要调整的列，将鼠标指针移到选定范围的单元格上，鼠标指针呈 ✛ 状。

2 按住鼠标左键的同时按住 Shift 键不放，向左或向右拖曳鼠标到合适的位置上放开鼠标左键和 Shift 键即可。

9 给日期套用合适的格式

日期和时间在工作簿中不仅是一项重要内容，设定合适的格式还可以给工作簿中的内容大大加分。当我们在单元格中输入"12/25"时，Excel会将其判断成日期形态的数据并根据该单元格目前的格式呈现，如果需要添加年份则会自动加上计算机当前系统日期的年份。日期可以呈现的格式有"12月25日""2016/12/25""二〇一六年十二月二十五日""25–Dec–16""2016年12月25日"等。

Step 1 选定日期的数据范围

▲	A	B	C	D	E	F	G
1	进货单						
2	编号	日期	商品	数量	单价／磅	金额	
3	C-001	8月2日	哥伦比亚咖啡豆	50	300	15000	
4	C-002	8月15日	曼特宁咖啡豆	30	700	21000	
5	C-003	8月30日	蓝山咖啡豆	20	680	13600	
6	C-004	9月2日	巴西咖啡豆	10	530	5300	
7	C-005	9月15日	蓝山咖啡豆	20	680	13600	
8	C-006	10月2日	哥伦比亚咖啡豆	5	300	1500	
9	C-007	10月15日	巴西咖啡豆	30	530	15900	
10	C-008	10月30日	曼特宁咖啡豆	30	700	21000	
11							
12							

选取数据的单元格范围B3:B10。

Step 2 选择合适的日期类型

1 在"开始"工具栏的"数字"功能区中单击右下角的"数字格式"按钮，弹出"设置单元格格式"对话框。

2 在"数字"选项卡中单击"日期"选项。

3 在"类型"列表框中选择合适的类型。

4 "示例"显示栏将会显示所选单元格中第一个日期的预览效果，确认后单击"确定"按钮即可完成设定。

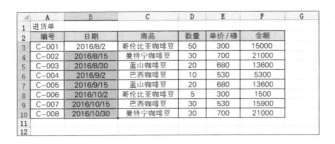

	A	B	C	D	E	F	G
1	进货单						
2	编号	日期	商品	数量	单价 / 磅	金额	
3	C-001	2016/8/2	哥伦比亚咖啡豆	50	300	15000	
4	C-002	2016/8/15	曼特宁咖啡豆	30	700	21000	
5	C-003	2016/8/30	蓝山咖啡豆	20	680	13600	
6	C-004	2016/9/2	巴西咖啡豆	10	530	5300	
7	C-005	2016/9/15	蓝山咖啡豆	20	680	13600	
8	C-006	2016/10/2	哥伦比亚咖啡豆	5	300	1500	
9	C-007	2016/10/15	巴西咖啡豆	30	530	15900	
10	C-008	2016/10/30	曼特宁咖啡豆	30	700	21000	
11							
12							

◀ 在工作表选取的单元格中，原来的日期就会按照指定的格式呈现。

TIPS

用汉字或数字的形式呈现日期

Excel预设的日期格式是以阿拉伯数字的方式呈现，如2016/12/25、25-Dec-15。如果想要以汉字的方式呈现，则需要在"设置单元格格式"对话框"数字"选项卡的"日期"选项中，把"区域设置"设置为"中文（中国）"，在上方的"类型"列表中就会有多种含有汉字的格式供你选择。

10 用颜色标示重复的数据内容

员工名单、产品目录等工作表中，每一个数据都是唯一的、不重复的，面对数据众多的工作表，如何才能快速找到因不小心输错而重复的数据呢？使用COUNTIF函数判断数据的个数，再搭配Excel的"条件格式"功能，即可给表格中的重复数据加上底色作为标示。

`Step 1` 新建规则

此案例要判断"员工编号"这列中的数据是否有重复，如果该列中的数据有重复，则会在重复的数据上加上底色。

1. 按住A列不放拖曳至F列，选取A列至F列。

2. 在"开始"工具栏"样式"功能区中单击"条件格式"按钮，在下拉列表中选择"新建规则"选项，打开"新建格式规则"对话框。

`Step 2` 选择合适的规则类型

新建格式的规则有很多种，这里使用"使用公式确定要设置格式的单元格"命令进行设定，使用COUNTIF函数判断A列中数据的个数是否大于1，如果大于1则为重复的数据。

1. 在"新建格式规则"对话框的"选择规则类型"列表框中选择"使用公式确定要设置格式的单元格"命令。

2. 在"为符合此公式的值设置格式"下的输入框中输入=COUNTIF($A:$A,$A1)>1。

3. 单击"格式"按钮。

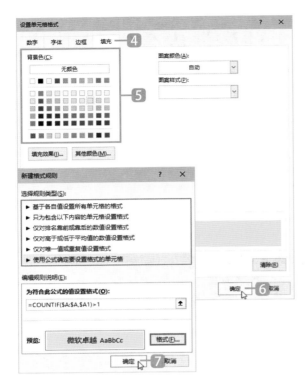

4 单击"填充"选项卡。

5 选择一个合适的颜色填入指定的单元格中。

6 单击"确定"按钮。

7 返回"新建格式规则"对话框，单击"确定"按钮完成设定。

	A	B	C	D	E	F
1	员工名册					
2						
3	员工编号	姓名	部门	职称	电话	住址
4	B1010	黄雅琪	业务部	助理	02-27671757	台北市松山区八德路四段692号
5	B1011	张智弘	总务部	经理	042-6224299	台中市清水区中山路196号
6	B1012	李娜娜	总务部	助理	02-25014616	台北市中山区松江路367号
7	B1013	郭毕辉	财务部	专员	042-3759979	台中市西区五权西路一段237号
8	B1014	姚明惠	财务部	助理	049-2455888	南投县草屯镇和兴街98号
9	B1010	黄雅琪	业务部	助理	02-27671757	台北市松山区八德路四段692号
10	B1015	张淑芳	人事部	专员	02-27825220	台北市南港区南港路一段360号
11	B1013	郭毕辉	财务部	专员	042-3759979	台中市西区五权西路一段237号
12	B1016	杨燕珍	公关部	主任	02-27234598	台北市信义路五段15号
13						

◀ 即可看到"员工编号"这列中重复的数据已经加上了底色作为标示。

─ TIPS ─

COUNTIF 函数

说明：在指定的单元格范围中，计算区域中满足给定条件的单元格的个数。

公式：COUNTIF(区域,搜索条件)

参数：区域　　　想要搜索的数据范围。

搜索条件　可以指定数字、表达式、单元格引用或文本。

11 删除重复的数据

如果要从一份庞大的数据表中找出重复的数据，并一笔笔将其删除，这一系列的操作是非常麻烦的。这时可以使用"删除重复值"命令轻松地删去重复的数据。

Step 1 浏览当前的数据内容

由于"删除重复值"命令只要一经使用，就会将判断重复的数据自动删除，因此建议由多个列项进行判断该表中的数据是否重复，才不会误删正确的数据。或者通过上述色彩标示的方式先了解有哪些数据重复后，再执行"删除重复值"命令。

	A	B	C	D	E	F	G	H	I
1	员工名册								
2									
3	员工编号	姓名	部门	职称	电话	住址			
4	B1010	黄雅琪	业务部	助理	02-27671757	台北市松山区八德路四段692号			
5	B1011	张智弘	总务部	经理	042-6224299	台中市清水区中山路196号			
6	B1012	李娜娜	总务部	助理	02-25014616	台北市中山区松江路367号			
7	B1013	郭毕辉	财务部	专员	042-3759979	台中市西区五权西路一段237号			
8	B1014	姚明惠	财务部	助理	049-2455888	南投县草屯镇和兴街98号			
9	B1010	黄雅琪	业务部	助理	02-27671757	台北市松山区八德路四段692号			
10	B1015	张淑芳	人事部	专员	02-27825220	台北市南港区南港路一段360号			
11	B1013	郭毕辉	财务部	专员	042-3759979	台中市西区五权西路一段237号			
12	B1016	杨燕珍	公关部	主任	02-27234598	台北市信义路五段15号			
13									
14									
15									
16									

▲ 工作表中的第4、7、9、11行数据，"姓名"可以分为"黄雅琪"和"郭毕辉"，再分别对比"部门""职称""电话"和"住址"4个列项，由此可以判断其中重复的两行数据可以被删除。

─ TIPS ─

使用"删除重复值"命令的说明

"删除重复值"命令在判断与删除表格中的数据时，并不会告知你将要删去哪一个数据，也不会出现确认删除的对话框，所以建议在使用此命令前可以先将工作表储存，以免发生误删数据而无法挽回的情况。

Step 2 删除重复的数据

在这里要删除"员工编号""姓名""部门"三列中重复的数据。

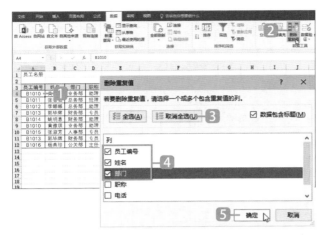

1 选取任意一个单元格。

2 在"数据"工具栏的"数据工具"功能区中单击"删除重复值"按钮，打开"删除重复值"对话框。

3 单击"取消全选"按钮。

4 勾选"员工编号""姓名""部门"三项。

5 单击"确定"按钮。

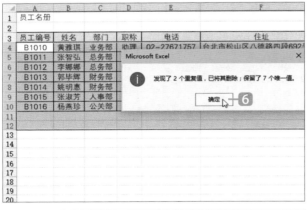

6 弹出的对话框表明已经删除了2个重复数据，保留了7个唯一的值，单击"确定"按钮完成操作。

	A	B	C	D	E	F
1	员工名册					
2						
3	员工编号	姓名	部门	职称	电话	住址
4	B1010	黄雅琪	业务部	助理	02-27671757	台北市松山区八德路四段692号
5	B1011	张智弘	总务部	经理	042-6224299	台中市清水区中山路196号
6	B1012	李娜娜	总务部	助理	02-25014616	台北市中山区松江路367号
7	B1013	郭毕辉	财务部	专员	042-3759979	台中市西区五权西路一段237号
8	B1014	姚明惠	财务部	助理	049-2455888	南投县草屯镇和兴街98号
9	B1015	张淑芳	人事部	专员	02-27825220	台北市南港区南港路一段360号
10	B1016	杨燕珍	公关部	主任	02-27234598	台北市信义路五段15号
11						
12						
13						

◀ 工作表中原来重复的两项数据已经被删除了。

12 限定不能输入重复的数据

在员工名单中，"员工编号"该项的属性是独立的、唯一的（身份证号、学号、图书编号也是如此），所以在输入时可以使用COUNTIF函数自动检查重复的数据，如果输入了目前数据表中已有的编号就会出现出错警告，以免重复输入。

Step 1 设定数据验证

1. 在A列单击一下，选取要设定数据验证的范围。

2. 在"数据"工具栏"数据工具"功能区中单击"数据验证"按钮，在下拉列表中选择"数据验证"选项，打开"数据验证"对话框。

3. 在"设置"选项卡中的"允许"下拉选择框中选择"自定义"选项。

4. 接着在"公式"栏中输入：=COUNTIF(A:A,A1)=1。

Step 2 设定出错警告

1. 接着单击"出错警告"选项卡，在"错误信息"输入框中输入"此员工编号已使用"。

2. 单击"确定"按钮。

3. 这样一来，在"员工编号"列中输入编号时，仅允许输入当前表中没有的编号，若重复则会出现错误信息提醒。

13 将缺失的数据补充完整或删除

工作表中若有部分数据还未取得就直接进行图表制作或其他分析，那么生成的结果将是不完整的，这种情况在统计学中称为"缺失数据"。面对一份复杂的工作表，如果缺失的数据是很重要的关键数据，可以通过"查找和选择"功能快速找到缺失数据的单元格，再判断是补充该数据还是删除整条数据。

Step 1 选取空白单元格

在此案例中可以看到"税额"那列的第3行、第5行、第7行和第9行的单元格没有金额，首先选取这些空白单元格。

1️⃣ 选取数据的单元格范围F3:F12。

2️⃣ 在"开始"工具栏中单击"查找和选择"按钮，在下拉列表中选择"定位条件"选项，打开"定位条件"对话框。

3️⃣ 选择"空值"。

4️⃣ 单击"确定"按钮。

Step 2　补充数据或删除整条数据

可以看到"税额"这列第3行、第5行、第7行和第9行中的空白单元格已经被选中，接下来可以判断是否能够补充数据，或者通过如下操作将缺失数据的整条数据删除。

1 在选取的空白单元格上单击鼠标右键，选择"删除"选项。

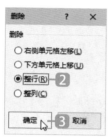

2 在弹出的"删除"对话框中选择"整行"。

3 单击"确定"按钮。

◀ 就能看到"税额"这列中空白单元格所对应的第3行、第5行、第7行和第9行都被删除了。

14 根据数值大小或笔画排序

"排序"是指将数据按照指定的顺序重新排列。单一的按列排序是较常用的排序方式，可以在一列中根据文字排序（由A到Z或由Z到A，汉字笔画由多到少或由少到多）、数字排序（最小值到最大值或最大值到最小值）或日期和时间排序（由前到后或由后到前）等，使观察和分析数据更加容易。

Step 1 选取需要排序的列

在此案例中将"编号"一列作递增的排序。

编号	国家	城市	出国日期	航空公司	税前价	税额	总价
			国外旅游机票价格对比表				
6	西班牙	马德里	2017/7/2	海南航空	15,370	16,910	32,280
4	荷兰	阿姆斯特丹	2017/6/20	国泰航空	17,980	13,547	31,527
2	日本	东京	2017/5/28	长荣航空	7,684	2,550	10,234
7	希腊	雅典	2017/5/5	港龙航空	23,200	9,591	32,791
10	新西兰	奥克兰	2017/4/13	长荣航空	32,100	9,452	41,552
3	韩国	首尔	2017/4/4	德威航空	4,750	2,900	7,650
1	泰国	普吉岛	2017/4/4	泰国航空	8,957	2,395	11,352
5	意大利	威尼斯	2017/3/10	港龙航空	13,690	13,405	27,095
8	马来西亚	吉隆坡	2017/4/1	国泰航空	9,280	3,330	12,610

在存放数据的工作表中选取单元格A3。

Step 2 用递增（由小到大）的方式进行排序

1. 在"数据"工具栏的"排序和筛选"功能区中单击"升序"按钮。

2. 可以发现数据已经按照编号由小到大进行了排序（同理，也可以尝试一下"降序"的排序效果）。

15 根据多重条件排序

除了单一地按列进行排序外，还可以通过多个条件按列排序，添加另一指定的列来作为次要的排序准则。

Step 1 指定按列进行排序

根据"总价"递减进行排序，若是金额相同时，将"编号"这列进行递增排序，使浏览数据更加容易。

1 选取当前工作表中的任一单元格。

2 在"数据"工具栏的"排序和筛选"功能区中单击"排序"按钮，打开"排序"对话框。

3 单击"添加条件"按钮，新增一个排序条件。

4 设定"列"的主要关键字为"总价"，次序为"降序"。

5 设定"列"的次要关键字为"编号"，次序为"升序"。

6 单击"确定"按钮。

Step 2 浏览排序完成的成果

可以看到编号4和7、2和8因为"总价"一样，已经按照次要排序准则将"编号"由小到大进行排序。

	编号	国家	城市	出国日期	航空公司	税前价	税额	总价
				国外旅游机票价格对比表				
3	10	新西兰	奥克兰	2017/4/13	长荣航空	32,100	9,452	41,552
4	6	西班牙	马德里	2017/7/2	海南航空	15,370	16,910	32,280
5	4	荷兰	阿姆斯特丹	2017/6/20	国泰航空	17,980	13,547	31,527
6	7	希腊	雅典	2017/5/5	港龙航空	17,980	13,547	31,527
7	9	澳洲	雪梨	2017/2/20	国泰航空	17,113	12,385	29,498
8	5	意大利	威尼斯	2017/3/10	港龙航空	13,690	13,405	27,095
9	2	日本	东京	2017/5/28	长荣航空	9,280	3,330	12,610
10	8	马来西亚	吉隆坡	2017/4/1	国泰航空	9,280	3,330	12,610
11	1	泰国	普吉岛	2017/4/4	泰国航空	8,957	2,395	11,352
12	3	韩国	首尔	2017/4/4	德威航空	4,750	2,900	7,650

16 根据多重条件筛选数据

当面对大量的数据时，要如何快速显示需要的数据呢？使用"筛选"功能可以筛选一个或多个列，筛选时不仅可以选择想要看到的内容，还可以指定要排除的内容。

Step 1 以单一的列进行筛选

1. 选取当前工作表中的任一单元格。

2. 在"数据"工具栏的"排序和筛选"功能区中单击"筛选"按钮。

3. 在工作表表头的每列名称右侧均多出一个筛选按钮▽，单击"航空公司"右侧的筛选按钮。

4. 在项目框中先取消勾选"全选"，再勾选"国泰航空"。

5. 单击"确定"按钮。

◀ 筛选后仅显示"航空公司"为"国泰航空"的数据，并且该列名称的筛选按钮多了一个漏斗的图案，状态栏会显示目前有4条符合的记录。

Step 2 用多个列进行筛选

通过多次套用筛选按钮的方法，可以用数据的筛选命令处理多个列的筛选（必须完全符合两个或多个准则）。接上一个案例，筛选出"航空公司"为"国泰航空"且"总价"为"31527"的数据。

1️⃣ 单击"总价"右侧的筛选按钮▾。

2️⃣ 在项目框中先取消勾选"全选"，再勾选"31527"。

3️⃣ 单击"确定"按钮。

◀ 筛选后显示"航空公司"为"国泰航空"且"总价"为"31527"的数据。

	A	B	C	D	E	F	G	H
1			国外旅游机票价格对比表					
2	编号	国家	城市	出国日期	航空公司	税前价	税额	总价
5	4	荷兰	阿姆斯特丹	2017/6/20	国泰航空	17,980	13,547	31,527
9	2	日本	东京	2017/5/28	国泰航空	17,980	13,547	31,527
13								
14								
15								
16								
17								
18								

TIPS

如何取消已套用的筛选效果

再在"数据"工具栏的"排序和筛选"功能区中单击"筛选"按钮，即可取消筛选功能，这样就能重新显示所有的数据。

17 筛选出大于或小于指定值的数据

若筛选的值中没有合适的筛选准则时，可以通过"自定义筛选"功能，指定条件按照自己希望的方式筛选数据（此功能也可以指定"必须完全符合两个准则"或"只需符合其中一个准则"的筛选条件）。

Step 1 选择筛选的列

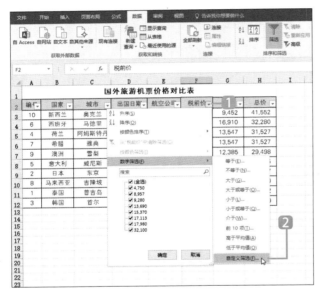

1. 单击"税前价"右侧的筛选按钮▼。

2. 在下拉列表中单击"数字筛选"中的"自定义筛选"选项，打开"自定义自动筛选方式"对话框。

Step 2 设定符合的条件

显示10000及10000以上的金额或5000以下的金额（只需符合其中一个准则）。

1. 设定"大于或等于"10000。

2. 选择"或"。

3. 再设定"小于"5000。

4. 单击"确定"按钮，即可显示符合筛选条件的数据。

24

18 隐藏行或列中的数据

工作表呈现的数据，可以按照需求隐藏指定的行或列中的数据，仅留下想要显示的数据（隐藏行或列的操作方式大同小异，以下将以隐藏行的方式来进行说明）。

Step 1 选取想要隐藏的数据

在这个"体育用品销量表"中，隐藏"直排轮式溜冰鞋"三年的数据。

选取单元格A5。

	A	B	C	D	E	F
1	体育用品销量表			单位：万		
2		第一年	第二年	第三年		
3	高尔夫用品	44	83	68		
4	露营用品	63	71	117		
5	直排轮式溜冰鞋	28	49	61		
6	羽毛球	27	43	18		140 130

Step 2 隐藏行数据

在"开始"工具栏的"单元格"功能区中单击"格式"按钮，在其下拉菜单中选择"隐藏和取消隐藏"选项中的"隐藏行"命令。

TIPS

取消隐藏行或列的数据

如果想要取消隐藏行或列的数据，只要在"开始"工具栏的"单元格"功能区中单击"格式"按钮，在其下拉菜单中选择"隐藏和取消隐藏"选项中的"取消隐藏行"命令即可。

可见性		
隐藏和取消隐藏(U)	▶	隐藏行(R)
组织工作表		隐藏列(C)
重命名工作表(R)		隐藏工作表(S)
移动或复制工作表(M)...		取消隐藏行(O)
工作表标签颜色(T)	▶	取消隐藏列(L)
保护		取消隐藏工作表(H)...

突出显示符合条件的数值

"突出显示单元格规则"功能可以在大量的数据中快速找到符合条件的数值,并为其标注上特殊的格式,此功能包含"大于""小于""介于""等于""文本包含""发生日期""重复值"七项规则,设定的方法大同小异,在此套用其中一项规则进行说明,可以再根据需求自行做相似的练习。

Step 1 选择合适的突出显示单元格规则

使用"小于"的单元格规则,在"税前价"中找出10000以下的金额。

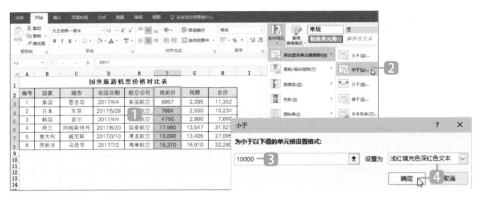

1 选取要根据条件格式化的单元格范围F3:F8。

2 在"开始"工具栏中单击"条件格式"按钮,在其下拉菜单中选择"突出显示单元格规则"中的"小于"命令。

3 在"小于"对话框的"为小于以下值的单元格设置格式"输入框中输入10000。

4 单击"设置为"后面的清单按钮,选择合适的格式化样式,再单击"确定"按钮。

Step 2 浏览完成的效果

可以看到"税前价"中10000以下的金额均被标示出来了。若修改了套用格式化条件的单元格内容,Excel会自动根据当前新的内容进行判断,做出及时的调整。

	A	B	C	D	E	F	G	H
1	国外旅游机票价格对比表							
2	编号	国家	城市	出国日期	航空公司	税前价	税额	总价
3	1	泰国	普吉岛	2017/4/4	泰国航空	8957	2,395	11,352
4	2	日本	东京	2017/5/28	长荣航空	7684	2,550	10,234
5	3	韩国	首尔	2017/4/4	德威航空	4750	2,900	7,650
6	4	荷兰	阿姆斯特丹	2017/6/20	国泰航空	17,980	13,547	31,527
7	5	意大利	威尼斯	2017/3/10	港龙航空	13,690	13,405	27,095
8	6	西班牙	马德里	2017/7/2	海南航空	15,370	16,910	32,280
9								
10								

20 利用格式规则标注符合条件的数值

"格式规则"功能可以在大量的数据中快速按照指定数目找到最好或最差的项目。"最前/最后规则"中包含"前10项""前10%""最后10项""最后10%""高于平均值""低于平均值"六项规则，设定的方法大同小异，在此套用其中一项规则进行说明，可以再根据需求自行做相似的练习。

Step 1 选择合适的最前/最后规则

在"税额"中找出最高和第二高的金额。

1 选取要根据条件格式化的单元格范围G3:G8。

2 在"开始"工具栏中单击"条件格式"按钮，在其下拉菜单中选择"最前/最后规则"中的"前10项"命令。

3 在"前10项"对话框的"为值最大的那些单元格设置格式"输入框中输入2。

4 单击"设置为"后面的清单按钮，选择合适的格式化样式，再单击"确定"按钮。

Step 2 浏览完成的效果

完成格式化条件的设定后，会标示出"税额"中最高和第二高的金额。

A	B	C	D	E	F	G	H
			国外旅游机票价格对比表				
编号	国家	城市	出国日期	航空公司	税前价	税额	总价
1	泰国	普吉岛	2017/4/4	泰国航空	8957	2,395	11,352
2	日本	东京	2017/5/28	长荣航空	7684	2,550	10,234
3	韩国	首尔	2017/4/4	德威航空	4750	2,900	7,650
4	荷兰	阿姆斯特丹	2017/6/20	国泰航空	17,980	13,547	31,527
5	意大利	威尼斯	2017/3/10	港龙航空	13,690	13,405	27,095
6	西班牙	马德里	2017/7/2	海南航空	15,370	16,910	32,280

21 利用数据条呈现数值大小

"数据条"是根据数据的大小显示单一颜色的横条，可以有助于快速比较出各个单元格数值间的大小关系，数据条的长度越长代表数值越大，长度越短代表数值越小。

Step 1 选择合适的数据条样式

在"总价"中找出最高与第二高的金额。

	A	B	C	D	E	F	G	H
1				国外旅游机票价格对比表				
2	编号	国家	城市	出国日期	航空公司	税前价	税额	总价
3	1	泰国	普吉岛	2017/4/4	泰国航空	8957	2,395	11,352
4	2	日本	东京	2017/5/28	长荣航空	7684	2,550	10,234
5	3	韩国	首尔	2017/4/4	德威航空	4750	2,900	7,650
6	4	荷兰	阿姆斯特丹	2017/6/20	国泰航空	17,980	13,547	31,527
7	5	意大利	威尼斯	2017/3/10	港龙航空	13,690	13,405	27,095
8	6	西班牙	马德里	2017/7/2	海南航空	15,370	16,910	32,280
9								

1 选取要根据条件格式化的单元格范围H3:H8。

2 在"开始"工具栏中单击"条件格式"按钮，在其下拉菜单中选择"数据条"中的"蓝色数据条"命令。

Step 2 浏览完成的效果

可以看到"总价"那列中的数值已经用蓝色数据条呈现了。

	A	B	C	D	E	F	G	H
1				国外旅游机票价格对比表				
2	编号	国家	城市	出国日期	航空公司	税前价	税额	总价
3	1	泰国	普吉岛	2017/4/4	泰国航空	8957	2,395	11,352
4	2	日本	东京	2017/5/28	长荣航空	7684	2,550	10,234
5	3	韩国	首尔	2017/4/4	德威航空	4750	2,900	7,650
6	4	荷兰	阿姆斯特丹	2017/6/20	国泰航空	17,980	13,547	31,527
7	5	意大利	威尼斯	2017/3/10	港龙航空	13,690	13,405	27,095
8	6	西班牙	马德里	2017/7/2	海南航空	15,370	16,910	32,280
9								
10								

22 利用图标集标注数值大小

"图标集"可以根据数据所在区间（等级）快速为其标注不同的图标，以此区别数据的关系，图标集包含多组图标（箭头、旗子、交通灯等）进行套用。在此套用其中一项图标进行说明，可以再根据需求自行做相似的练习。

Step 1 选择合适的图标集

给"总价"那列加上图标，⬆表示≥30000，⬈表示＜30000且≥20000，⬊表示＜20000且≥10000，⬇表示＜10000。

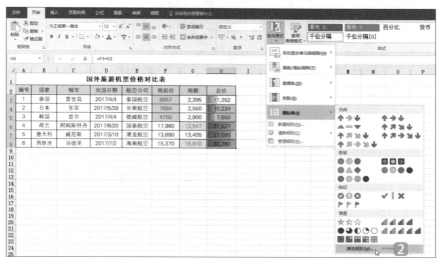

❶ 选取要根据条件格式化的单元格范围H3:H8。

❷ 在"开始"工具栏中单击"条件格式"按钮，在其下拉菜单中选择"图标集"中的"其他规则"选项。

设定图标的规则条件

1 在弹出的"新建格式规则"对话框中，在"选择规则类型"选项框中选择"基于各自值设置所有单元格的格式"选项。

2 在"图标样式"的下拉列表中选择合适的样式。

3 "类型"设定为"数字"。

4 "值"分别设定为30000、20000、10000。

5 单击"确定"按钮。

◀ 完成格式化条件的设定后，"总价"中的数值已经标示出了相应的图标。

	A	B	C	D	E	F	G	H
1	国外旅游机票价格对比表							
2	编号	国家	城市	出国日期	航空公司	税前价	税额	总价
3	1	泰国	普吉岛	2017/4/4	泰国航空	8957	2,395	11,352
4	2	日本	东京	2017/5/28	长荣航空	7684	2,550	10,234
5	3	韩国	首尔	2017/4/4	德威航空	4750	2,900	7,650
6	4	荷兰	阿姆斯特丹	2017/6/20	国泰航空	17,980	13,547	31,527
7	5	意大利	威尼斯	2017/3/10	港龙航空	13,690	13,405	27,095
8	6	西班牙	马德里	2017/7/2	海南航空	15,370	16,910	32,280
9								
10								

─ TIPS ─

管理条件格式规则

套用条件格式的单元格，可以根据需求新建、删除或编辑现有的条件规则。在"开始"工具栏中单击"条件格式"按钮，在其下拉菜单中选择"管理规则"选项，在"条件格式规则管理器"对话框中调整即可。

23 利用分类汇总显示数据摘要

当面对大量的数据时，"分类汇总"功能可以在想要设定的数据范围中，快速按照指定分组归纳数据，并自动产生分类、汇总或其他运算值。

`Step 1` 进行排序

执行"分类汇总"命令之前，一定要先将需要指定分组的列进行排序，将相同的数据排列在一起，这样汇总的结果才会正确。

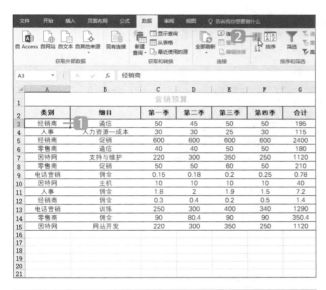

1 选取单元格A3。

2 在"数据"工具栏的"排序和筛选"功能区中单击"升序"按钮。

◁ 可以发现数据已经以"类别"作为基础，将同类别的数据排列在一起了。

Step 2 使用分类汇总进行统计

1. 在"数据"工具栏中单击"分类汇总"按钮,打开"分类汇总"对话框。

2. 设定"分类字段"为"类别"。

3. 设定"汇总方式"为"求和"。

4. 依次勾选"选定汇总项"列表中的"第一季""第二季""第三季""第四季"和"合计"。

5. 单击"确定"按钮。

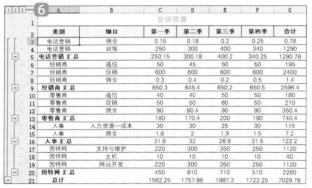

1 2 3	A	B	C	D	E	F	G
1			营销预算				
2	类别	细目	第一季	第二季	第三季	第四季	合计
3	电话营销	佣金	0.15	0.18	0.2	0.25	0.78
4	电话营销	训练	250	300	400	340	1290
5	电话营销 汇总		250.15	300.18	400.2	340.25	1290.78
6	经销商	通信	50	45	50	50	195
7	经销商	促销	600	600	600	600	2400
8	经销商	佣金	0.3	0.4	0.2	0.5	1.4
9	经销商 汇总		650.3	645.4	650.2	650.5	2596.4
10	零售商	通信	40	40	50	50	180
11	零售商	促销	50	50	60	50	210
12	零售商	佣金	90	80.4	90	90	350.4
13	零售商 汇总		180	170.4	200	190	740.4
14	人事	人力资源—成本	30	30	25	30	115
15	人事		1.8	2	1.9	1.5	7.2
16	人事 汇总		31.8	32	26.9	31.5	122.2
17	因特网	支持与维护	220	300	350	250	1120
18	因特网	主机	10	10	10	10	40
19	因特网	网站开发	220	300	350	250	1120
20	因特网 汇总		450	610	710	510	2280
21	总计		1562.25	1757.98	1987.3	1722.25	7029.78

6. 设定完成后在左侧会出现一个大纲模式,当单击 3 按钮时,将显示全部的统计数据。

7. 当单击 2 按钮时,将分别显示"类别"选项的合计值和汇总数据。

8. 当单击 1 按钮时,将显示汇总数据。

1 2	A	B	C	D	E	F
1			营销预算			
2	类别	细目	第一季	第二季	第三季	第四季
5	电话营销 汇总		250.15	300.18	400.2	340.25
9	经销商 汇总		650.3	645.4	650.2	650.5
13	零售商 汇总		180	170.4	200	190
16	人事 汇总		31.8	32	26.9	31.5
20	因特网 汇总		450	610	710	510
21	总计		1562.25	1757.98	1987.3	1722.25
22						
23						
24						
25						

1 2	A	B	C
1			营销
2	类别	细目	第一季
21	总计		1562.25

TIPS

取消分类汇总功能

在"数据"工具栏中单击"分类汇总"按钮,打开"分类汇总"对话框,单击"全部删除"按钮即可取消分类汇总功能。

图表的设计原则

大量的数据总是让人眼花缭乱、无从下手。除了以图像的方式将图表中的数据信息有效地表达出来，还要掌握图表类型、色彩运用等"花招"，才能制作出一份既专业又美观的图表！

24 数据图像化的优点

在工作或生活中，有关人事、财务、行政等方面的数据不胜枚举。为了让数据能够更有效地被理解、被使用，常会看到使用各式各样的图表类型来准确有效地表达图表中数据包含的意义。

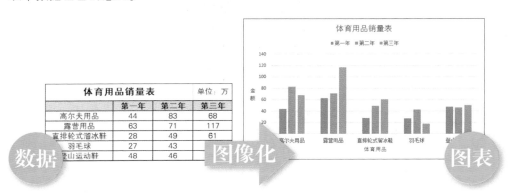

以下是将数据图像化为图表的四大优点：

（1）提供比文字更直接易懂的图像信息

大量复杂的数据，除了无法在短时间内被理解，其中所要表达的信息，也很难在浏览过程中直接分析出来。这时通过图像即可将冗长的数据化繁为简，直接表达出所包含的信息，让浏览者更容易理解。

（2）突显数据的重点

在图表中通过对细节的格式调整，就可以在大量的数据中突显出想要传达的重要信息。

（3）建立与浏览者间的良好沟通

浏览时图表的信息会比直接的文字或数字更加亲切，不仅可以吸引浏览者的注意，还可以拉近彼此之间的距离，充分将数据进行有效的说明。

（4）丰富且专业化的展现

丰富的图表，不仅外形美观，使数据更加清晰易懂，也可以充分展现其专业性，大幅度提高学习、工作效率，甚至是职场竞争力。

25 突显图表中的重点数据

原始数据在经过一连串的"图像化"操作后，虽然图表变得简洁、美观，但有时候数据中隐含的重点内容，却无法让浏览者"一眼看穿"。

以"第一季支出总额"这个案例来说：使用"条形图"呈现出各个项目在第一季的支出总额，其中虽然用"数据标签"清楚地标示了每个支出项目的总额，图表看起来非常专业，但其实图表中还隐含了"房租支出的金额最多"这一信息，却没有很好地体现出来。

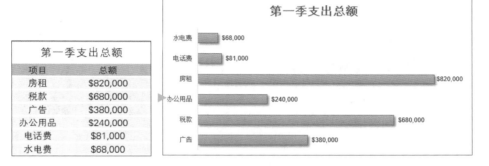

为了突显"房租支出的金额最多"这一信息，除了可以对数据进行排序，让各个项目的支出金额由多到少、从上到下排列。

还可以用不同的颜色突显特殊数据，让浏览者看到图表就直接想到：这一季"房租"支出的金额最多。

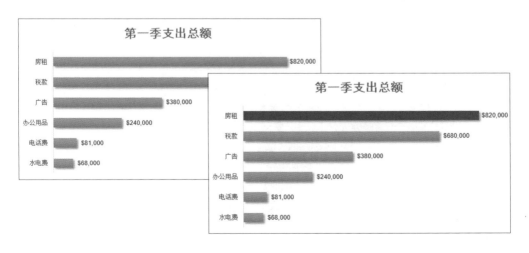

图表简易明了才最好

在图表的制作过程中，常会着眼于美化图表，反而忘了这些格式在套用时是否会影响信息的表达。毕竟图表再好看，如果无法让浏览者一目了然，也只是虚有其表，没有任何意义。

就像立体图形虽然看起来很酷，但数据一多就显得厚重。而且因为空间和角度的关系，遇到数据相近的情况时，就会增加辨识的难度。

"第一季支出总额"这个案例可以用三维柱形图表示，但"水电费"和"电话费"这两个项目的金额十分接近，所以无法从立体图中立刻看出这两笔支出谁多谁少，反而无法达到数据"图像化"的目的。

如果立体、阴影等格式会造成浏览者的困扰，而无法直接看出图表中所要表达的信息，这时可以去除多余的设定，让图表回归"单纯"的外貌。

回到"第一季支出总额"这个案例，将图表转化成简单的二维柱形图呈现，会发现即使没有"数据标签"的辅助，也可以快速分析出图表的信息："税款"支出最多，"水电费"支出最少。

27 组合多种不同的图表类型

建立图表时，大部分都是以单一类型的数据，如人数、金额等作为对象进行分析，不过有时也会针对两种或两种以上的不同数据类型进行比较。以"赴台旅客人数增长统计"这个案例来说，除了记录了两年各个国家或地区赴台的旅客人数外，还计算了这两年赴台旅客人数的增长率。

赴台旅客人数增长统计			
			单位：人
	2013年	**2014年**	**增长率**
日本	1,421,550	1,634,790	15%
韩国	751,301	1,027,684	37%
中国大陆	1,874,702	3,587,152	91%
中国香港（澳门）	783,341	1,375,770	76%
东南亚	1,261,596	1,388,305	10%
美国	414,060	700,691	69%
欧洲	823,062	964,880	17%

不要因为"旅客人数"和"增长率"的数据类型不同，就建立两个图表。建立多个图表，信息不仅不能有效地表达，还可能让浏览者一头雾水，无法了解两者之间的关系。

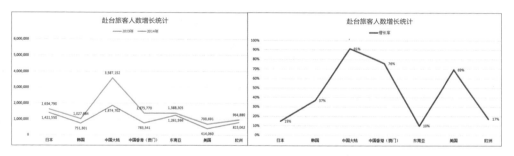

当数据来源的类型差异过大时，可以通过组合式图表进行呈现，将数据信息适当地整理在同一个图表中。以"赴台旅客人数增长统计"这个案例来说，两年各个国家或地区的赴台旅客人数用柱形图表示，增长率用折线图表示，将二者组合在同一个图表中，就可以同时呈现人口数量和增长率。

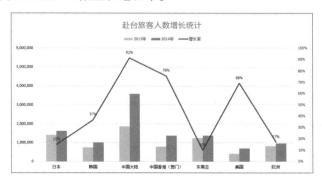

28 图表的配色

色彩是一种很重要的视觉语言，在美化图表的过程中，通过丰富的配色并搭配清晰的数据，不仅能够加强浏览者对图表的印象，还可以让人充分感受到色彩所传达的信息。

以下提供的几种配色方法，能够有助于在设计图表时轻松搭配。

单色搭配

为了让图表"好看"，常会不知不觉就使用过多的色彩，反而给浏览者造成负担。如果只有一种数据，那么在图表主题中套用单色效果就够了。

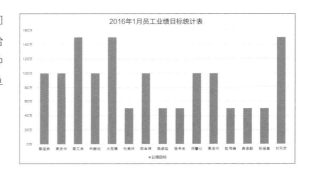

如果觉得白色的背景太过单调，则可以通过背景颜色的设定，让图表换一种风格。

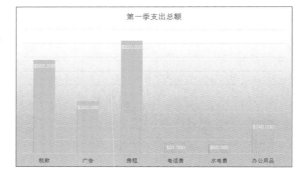

同色系搭配

同色系是将一种颜色通过深浅的变化进行组合，以"绿色"为例，相同色系就有草绿色、青绿色、翠绿色、墨绿色等。通过这样的配色方式，图表会给人一种一致性的感觉，使其更有协调感和层次感。

同色系的搭配效果，较常用于堆积条形图，而颜色则是由深到浅、从下到上（从左到右）呈现较佳。

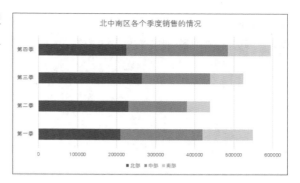

邻近色系搭配

色环上任选一种颜色，两侧的颜色即为同组的邻近色。因为基础色相同，所以色彩类似，如果运用在图表中，搭配起来较为和谐。

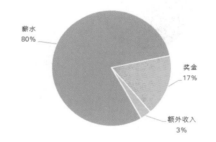

对比色系搭配

在色环上相对的颜色即是对比色，也称为互补色，如紫色和黄色、绿色和红色等，而除了色彩之外，还有明暗、深浅、冷暖等对比搭配，套用得当则可以强调图表中数据的对立性或差异性，更可以给人一种活泼感和生命力。

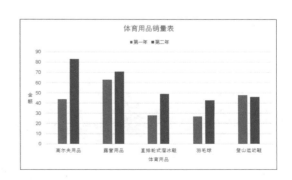

29 常见的图表问题

做好图表并不容易，但是要让图表不出错误更难。以下整理了图表制作过程中常见的几个问题，以后在制作图表时，要避免这些错误发生。

例1：惠发食品行销售业绩

错误

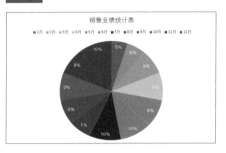

问题1： 全年的销售业绩不太适合用饼图呈现，无法直接看出全年销售的起伏状况。

问题2： 图表的标题太过于笼统，没有清楚地表达图表的主题。

问题3： 当数据系列为8个以上时，建议使用折线图进行展示更为合适。

正确

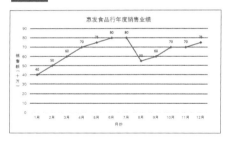

优点1： 折线图清楚地表达了该食品行全年销售业绩的起伏状况。

优点2： 图表标题清楚、明确，经过设计后的文字格式在图表中更合适。

优点3： 水平坐标轴和垂直坐标轴的标示让图表一目了然。

例2：惠发食品行的市场占有率

错误

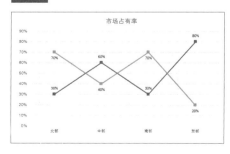

问题1： 折线图不适合表现项目的对比关系，也无法清楚看出同一地区惠发食品行与其他食品行市场占有率的对比情况。

问题2： 水平坐标轴和垂直坐标轴没有文字标题，浏览者无法明白其所代表的含义。

问题3： 没有标示图例，会导致浏览图表时无法有效地分辨信息。

正确

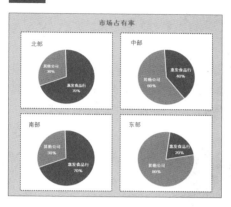

优点1: 分别用四个饼图表示,市场占有率的对比情况一目了然,可以由图表清楚地了解目前各地区市场占有率的对比关系。

优点2: 饼图中的数据标签是一项重要的设定,用"类别名称"和"值"组成的数据标签标示,使图表更加简单易懂。

优点3: 虽然用四个饼图表示,但同一公司名称的代表颜色要一致,才不会造成浏览图表时的困扰。

例3:惠发食品行近两年的价格、销售量、利润的对比

错误

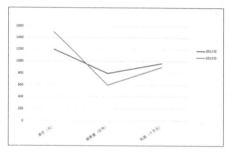

问题1: 图表没有标题,也没有水平坐标轴标题和垂直坐标轴标题。

问题2: 图表绘图区域太小,水平坐标轴文字呈倾斜摆放,令浏览者不方便观看。

问题3: 折线图太细,无法表现图表主题(每一个项目不同年度的起伏状况)。

正确

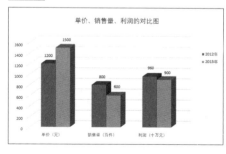

优点1: 图表标题和水平、垂直坐标轴标题清楚且明确。

优点2: 绘图区域较大,数据内容表现明显,水平坐标轴的文字位于相对数据系列下方,较易阅读。

优点3: 柱形图可以清楚地表达出每一个项目不同年度的起伏关系。

30 选择合适的图表类型

制作图表前需要先思考数据的重点和方向，如表现年度销售量的变化、每个月数量的比例、不同年度同一项目的价格比较等，思考方向主要可以分为"数量""变化"和"比较"三大原则，通过这三大原则可以更了解应该选择哪一种图表类型。

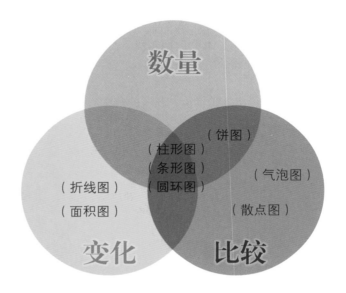

"数量"是指数据内容着重在总和、比率、平均等差异时，较适合使用表现部分和总体关系的饼图；"变化"是指数据内容着重在某段时间内的值或项目的变化，较适合使用折线图、柱形图等；"比较"则是指数据内容着重在不同项目间数量的差异，较适合使用散点图等。判断出数据内容的正确方向后才能选择合适的图表类型，图表的设计也会更有效率。

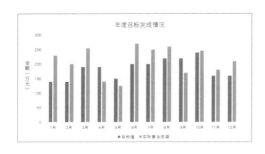

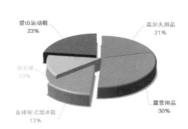

柱形图——反映不同项目间的比较结果

柱形图是最常用的图表类型，主要用于表现不同项目之间的比较结果，或者是一段时间内的数据变化。

使用条件

（1）绘制一个或多个数据系列。

（2）数据包含正数、负数和0。

（3）针对多种类别的数据进行比较。

子类型图表

柱形图有7种子类型：

簇状柱形图、 堆积柱形图、 百分比堆积柱形图、 三维簇状柱形图、

三维堆积柱形图、 三维百分比堆积柱形图、 三维柱形图。

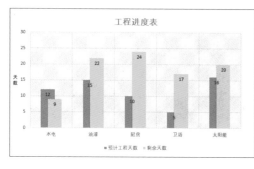

▲ 簇状柱形图

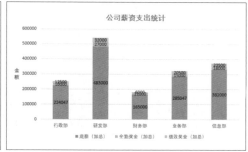

▲ 堆积柱形图

绘制图表时的注意事项

（1）同一数据系列使用相同的颜色。

（2）水平坐标轴的标签文字不要倾斜显示。

（3）如果没有网格线时，可以通过显示数据标签让浏览者更快辨识。

（4）当数据为负数时，水平坐标轴的标签文字应该移到图表区的底部。

折线图——根据时间变化显示发展趋势

折线图以"折线"的方式显示数据变化的趋势，主要强调时间性和变化程度，可以借此了解数据之间的差异性和未来的趋势。

使用条件

（1）显示一段时间内的连续数据。

（2）显示相等间隔或时间内数据的趋势。

子类型图表

折线图有7种子类型：

折线图、 堆积折线图、 百分比堆积折线图、 带数据标记的折线图、 带数据标记的堆积折线图、 带数据标记的百分比堆积折线图、 三维折线图。

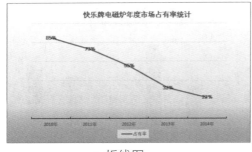

▲ 折线图

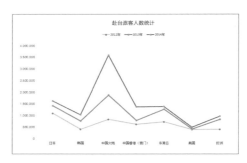

▲ 带数据标记的折线图

绘制图表时的注意事项

（1）折线要比网格线粗一些才能突出。

（2）避免折线过多造成图表混乱，如果太多可以考虑分开建立。

（3）如果要强调折线的幅度，可以将坐标轴改成不是从刻度0开始。

（4）如果要单纯地查看数据趋势，可以仅显示折线不显示数据标签。

33 饼图——强调个体占总体的比例关系

饼图强调总体和个体之间的关系，表现出各个项目占总体的百分比数值。

使用条件

（1）仅能针对一个数据的系列进行建立（圆环图可以包含多个系列）。

（2）数据的系列均为正数，不能是负数和0。

子类型图表

饼图有5种子类型：

饼图、 分离型饼图、 复合条饼图、 三维饼图、 圆环图。

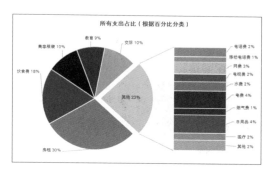

▲ 复合条饼图　　　　　　　　　　　▲ 圆环图

绘制图表时的注意事项

（1）面对饼图，一般浏览的习惯是从12点钟的位置开始，以顺时针的方向开始浏览，所以重要的数据可以放在约12点钟的位置更为显眼。

（2）数据的项目不要太多，8个左右即可，超出的部分可以用"其他"表示（如上左图）。

（3）避免使用图例，直接将数据标签显示在扇形内或旁边。

（4）不要将饼图中的扇形全部分离，用强调的方式仅分离其中一块。

（5）当扇形填满颜色时，可以套用白色的框线以呈现出切割的效果。

34 条形图——强调项目之间的比较情况

条形图其实可以当作是顺时针旋转90°的柱形图，适合用来强调一个或多个数据中的分类项目和数值的比较情况。

使用条件

（1）绘制一个或多个数据系列。

（2）数据包含正数、负数和0。

（3）有多个项目需要进行比较。

（4）坐标轴的文字标签很长。

子类型图表

条形图有6种子类型：

簇状条形图、 堆积条形图、 百分比堆积条形图、 三维簇状条形图、 三维堆积条形图、 三维百分比堆积条形图。

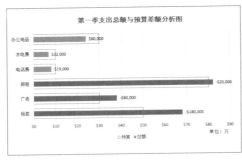

▲ 簇状条形图

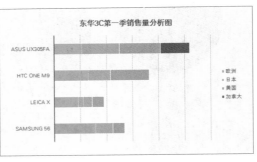

▲ 堆积条形图

绘制图表时的注意事项

（1）同一数据系列使用相同的颜色。

（2）垂直坐标轴的标签文字不要倾斜显示。

（3）如果没有网格线时，可以通过显示数据标签让浏览者更快辨识。

（4）数据系列可以"由大到小"或"由小到大"从上而下排序，其中前者较常使用。

35 面积图——分析一段时间内数据的变化幅度

面积图就像是折线图的进阶版,主要通过不同的颜色表现线条下方的区域。除了可以清楚看到数据的变化程度,还可以表现出整体和个体的关系。

使用条件

(1)用来强调不同时间的变化程度。

(2)突显总值的趋势。

(3)借此表现部分和整体之间的关联。

子类型图表

面积图有6种子类型:

面积图、 堆积面积图、 百分比堆积面积图、 三维面积图、 三维堆积面积图、 三维百分比堆积面积图。

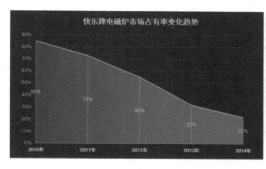

▲ 面积图

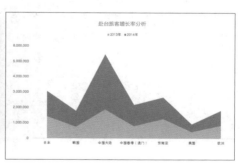

▲ 堆积面积图

绘制图表时的注意事项

(1)数值较小的数据系列可能会在绘制图表的过程中,有部分或全部区域会被隐藏在数值较大的数据系列之后。

(2)当只有一个数据系列时,其实面积图会比折线图看得更加清楚。

(3)数量多、变化少的数据通常会放置在下方。

36 XY散点图——显示分布和比较数值

XY散点图是由两组数据结合成单一的数据点，以X坐标轴和Y坐标轴绘制，可以快速看出两组数据间的关系，常用于科学、统计和工程数据的比较。

使用条件

（1）在不考虑时间的情况下，比较大量的数据点。

（2）显示大量数据的相关走向。

子类型图表

XY散点图有7种子类型：

散点图、 带平滑线和数据标记的散点图、 带平滑线的散点图、 带直线和数据标记的散点图、 带直线的散点图、 气泡图、 三维气泡图。

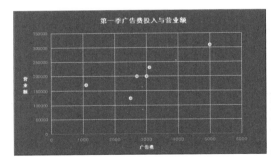

▲ 散点图

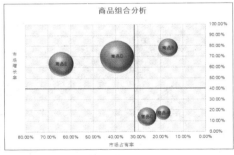

▲ 三维气泡图

绘制图表时的注意事项

（1）XY散点图至少需要两行（或列）的数据才能绘制单一数据系列的数值。

（2）XY散点图的水平轴是数值坐标轴，仅能显示数值或时间（天数或小时数）。

（3）绘制散点图的数据必须为对应的X和Y，通常垂直坐标轴（y）代表结果，水平坐标轴（x）代表原因。

（4）气泡图类似散点图，只不过它是以气泡的形式来绘制数据。每个数据传达了xy值（表示分布）和z值（表示大小）之间的关系，而z值决定了气泡的大小。

用图表呈现数据

枯燥难懂的文字和数据，只要通过Excel多款不同类型的图表，就能让浏览者容易了解数据中传达的信息，快速掌握数据的内容。

37 将数据内容转化为图表

图表的应用千变万化，在制作前需要一份作为数据源的工作表，一般先思考这份数据适合哪种类型的图表后再开始建立。现在只需要通过Excel所推荐的图表，就可以迅速挑选出合适的图表类型并建立。

Step 1 选取数据源

建立图表的第一个操作是先选取数据源。

1 选择存放数据内容的工作表。

2 选取制作图表的数据源的单元格范围A2:D7。

Step 2 选择合适的图表类型

建立图表的方式有很多种，如果你了解这份数据必须通过哪种图表才能呈现其中的重点，可以直接在"插入"工具栏"图表"功能区中根据图表类型直接开始建立。

1 在"插入"工具栏的"图表"功能区中选择合适的图表类型。

2 接着挑选该图表类型的样式：将鼠标指针移到图表样式图标上，会出现预览图表，单击需要建立的样式图标，即可建立图表。

如果不了解哪个图表类型最适合当前的数据内容时，可以在"插入"工具栏中单击"推荐的图表"选项，Excel会自动分析数据，并判断出适合的图表类型。

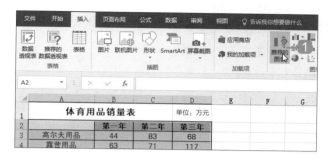

1 在"插入"工具栏中单击"推荐的图表"选项，打开"插入图表"对话框。

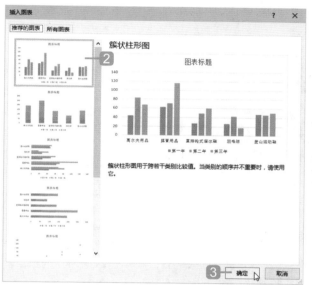

2 在"推荐的图表"标签中选择一个合适的图表样式。

3 单击"确定"按钮，即可将图表建立在工作表中。

Step 3 调整图表在工作表中的位置

刚建立好的图表有可能会重叠在数据内容上方，只要将鼠标指针移到图表上方呈状时进行拖曳，即可将图表移到工作表中合适的位置摆放。

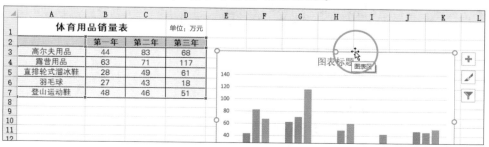

38 认识图表的组成元素

了解图表的组成元素和各个名称后，才能针对各元素区域设定字体、颜色、线条等。以柱形图为例说明图表各项的组成元素。

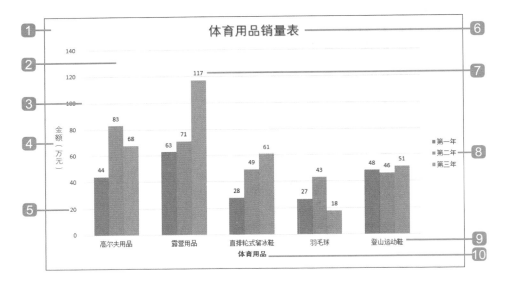

1. 图表区：包括图表标题、绘图区和其他的图表元素。

2. 绘图区：由坐标轴、数据系列、图例等组成。

3. 网格线：数据系列后方的线条，方便浏览者阅读和检查数据。

4. 垂直坐标轴标题：坐标轴名称。

5. 垂直坐标轴：以刻度数值进行显示。

6. 图表标题：图表名称。

7. 数据标签：显示该数据系列的数值。

8. 图例：通过图案或颜色说明所代表的数据系列。

9. 水平坐标轴：利用文字或数值表示项目。

10. 水平坐标轴标题：坐标轴名称。

39 调整图表的位置和大小

图表建立后为了方便编辑及符合数据的需求，可以适当地调整位置和大小。

Step 1 手动调整图表的位置和大小

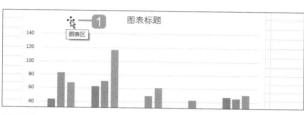

1 将鼠标指针移到图表上（空白处）呈 状时，按住鼠标左键不放，可以拖曳图表到合适的位置。

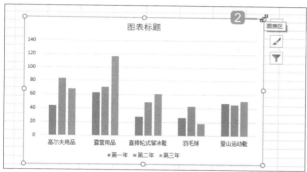

2 选取图表后，将鼠标指针移到图表四个角的控点上呈 状时，按住鼠标左键不放，可以调整图表的大小。

Step 2 用精确的数值调整图表的大小

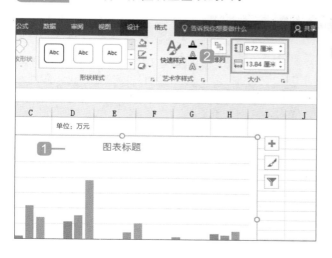

1 选取图表。

2 在"格式"工具栏的"大小"功能区中输入"高度"和"宽度"的值（厘米）。

❸ 用图表呈现数据

40 图表标题的文字设计

建立图表后，会在上方显示预设的"图表标题"文字，这时可以根据图表内容，调整文字的内容和样式。

Step 1 利用编辑栏编辑文字

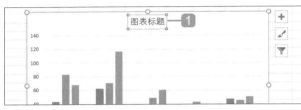

1 选取图表标题。

2 在编辑栏中输入合适的图表标题"体育用品销量表"，按 Enter 键完成输入。

Step 2 结合功能区设定字体格式

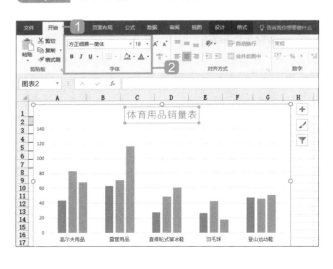

1 在选取图表标题的状态下，单击"开始"工具栏。

2 在"字体"功能区中即可为图表标题设定合适的字体、大小、颜色等格式。

Step 3 利用图表元素按钮为图表标题设定格式

图表标题除了可以在功能区中修改格式，还可以通过图表右侧的图表元素按钮⊞设定格式。

1 在选取图表标题的状态下，单击图表元素按钮⊞，在列表中单击"图表标题"右侧的清单按钮▶，选择"更多选项"。

2 打开右侧的"设置图表标题格式"窗口。

3 窗口中提供了"标题选项"和"文本选项"。前者有填充与线条、效果、大小与属性作为设定对象；后者有文本填充与轮廓、文字效果、文本框作为设定对象。

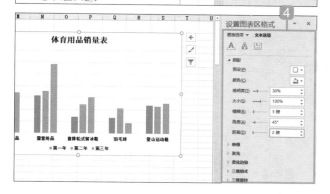

4 在选取图表标题的状态下，在"文本选项"下的Ⓐ项目中，可以设定合适的阴影效果。

TIPS

隐藏图表标题

如果想要取消图表标题的显示，可以在选取图表标题的状态下，单击图表元素按钮⊞，取消勾选"图表标题"（再单击图表元素按钮⊞即可隐藏设定列表）。

41 以坐标轴标题文字标示图表内容

坐标轴标题可以让浏览者了解图表中水平和垂直坐标轴所要表达的内容，同样可以调整文字的内容和样式。

Step 1 显示水平和垂直坐标轴标题

可以根据需求，显示图表个别的水平或垂直坐标轴标题，或者是全部显示。

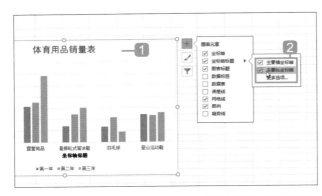

1 选取图表。

2 单击图表元素按钮➕，在列表中单击"坐标轴标题"右侧的清单按钮▶，分别勾选"主要横坐标轴"和"主要纵坐标轴"（也可以勾选"坐标轴标题"同时显示水平和垂直坐标轴标题）（再单击图表元素按钮➕隐藏设定列表）。

3 图表左侧和下方会新增预设的"坐标轴标题"文字。

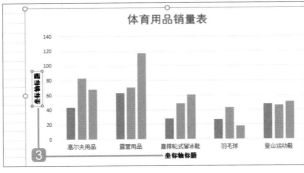

Step 2 更改水平和垂直坐标轴文字

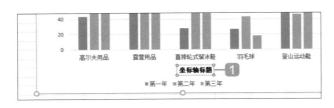

1 选取图表下方水平坐标轴的标题文字。

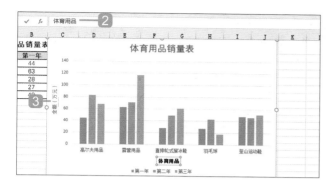

2 在编辑栏中输入"体育用
  品",按Enter键完成输入。

3 按照水平坐标轴标题的操作
  方式,将垂直坐标轴的标题
  修改为"金额(万元)"。

Step 3 设定字体格式

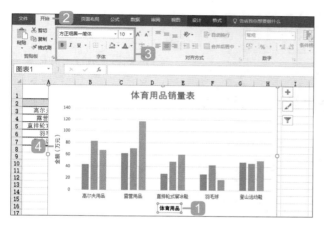

1 选取水平坐标轴标题。

2 单击"开始"工具栏。

3 在"字体"功能区中即可给
  图表的标题设定合适的字
  体、大小、颜色等格式。

4 按照水平坐标轴标题的操
  作方式,完成垂直坐标轴
  标题格式的设定。

TIPS

使用图表元素按钮为坐标轴标题设定格式

坐标轴标题除了可以在功能区中修改格式,一样也可以单击图表右侧的图表元素
按钮 ➕ ,在列表中单击"坐标轴标题"右侧的清单按钮 ▸ ,选择"更多选项",
通过右侧的"设置坐标轴标题格式"窗口快速进行格式的设定。

42 使过长的坐标轴文字更好阅读

图表中水平坐标轴的项目名称，可能由于字数过多而无法完全显示，这时可以通过倾斜或换行的操作，让坐标轴的项目名称完整地呈现。

Step 1 通过倾斜的方式完整地显示坐标轴文字

水平方向的文字可以自定义角度来控制倾斜的情况，但从图表的角度来看，倾斜的文字会给浏览者造成阅读的负担，所以还是应该尽量避免这种情况。

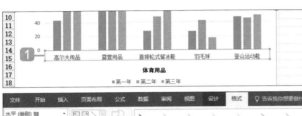

1 选取水平坐标轴。

2 在"格式"工具栏"当前所选内容"功能区中单击"设置所选内容格式"按钮，打开"设置坐标轴格式"窗口。

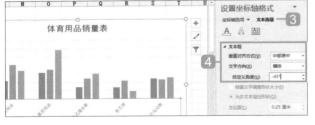

3 选择"文本选项"。

4 在"文本框"面板下，将"文字方向"设为"横排"，同时设定"自定义角度"。

Step 2 通过换行的方式完整地显示坐标轴文字

如果设定角度的操作仍无法完整地显示坐标轴中过长的文字时，可以通过换行进行调整。

	A	B	C
1	体育用品销量表		
2		第一年	第二年
3	高尔夫用品	44	83
4	露营用品	63	71
5	直排轮式溜冰鞋	28	49
6	羽毛球	27	43
7	登山运动鞋	48	46

	A	B	C
1	体育用品销量表		
2		第一年	第二年
3	高尔夫用品	44	83
4	露营用品	63	71
5	直排轮式溜冰鞋	28	49
6	羽毛球	27	43
7	登山运动鞋	48	46

1 将插入点移到想要分行的项目名称中。

2 先按 Alt + Enter 组合键，再按一次 Enter 键，即可将该项目名称分成两行。

43 隐藏或显示坐标轴

通过隐藏坐标轴上的数据，可以让图表的信息以最简单的方式表示。

Step 1 隐藏水平或垂直坐标轴

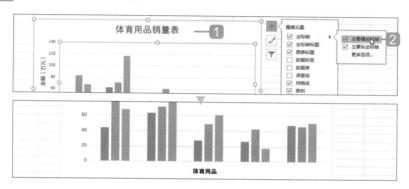

1 选取图表。

2 单击图表元素按钮⊞，在列表中单击"坐标轴"右侧的清单按钮
▸，取消勾选"主要横坐标轴"和"主要纵坐标轴"（如果取消
勾选"坐标轴"则可以同时隐藏水平和垂直坐标轴）（再单击图
表元素按钮⊞隐藏设定列表）。

Step 2 显示水平或垂直坐标轴

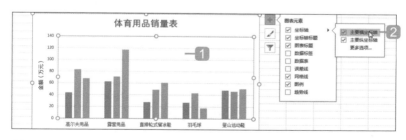

1 选取图表。

2 单击图表元素按钮⊞，在列表中单击"坐标轴"右侧的清单按钮
▸，勾选"主要横坐标轴"和"主要纵坐标轴"（如果勾选"坐
标轴"则可以同时显示水平和垂直坐标轴）（再单击图表元素按
钮⊞隐藏设定列表）。

44 改变坐标轴标题的文字方向

如果想要调整坐标轴标题文字的方向，可以通过以下两种方式进行设定。

Step 1 通过功能区改变文字方向

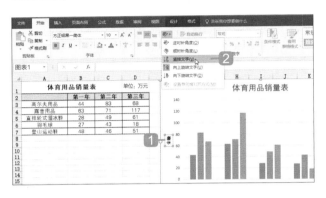

1 选取坐标轴的标题。

2 在"开始"工具栏"对齐方式"功能区中单击"方向"按钮，在其下拉菜单中根据已有的设定调整文字的方向。

Step 2 通过窗口改变文字方向和自定义角度

除了"开始"工具栏，通过"设置坐标轴标题格式"窗口一样可以调整文字方向，另外还可以自定义角度。

1 选取坐标轴的标题。

2 在"格式"工具栏中单击"设置所选内容格式"按钮，打开"设置坐标轴标题格式"窗口。

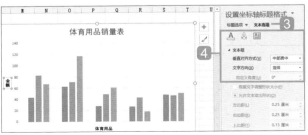

3 单击"文本选项"。

4 在"文本框"面板下，不仅可以设定"垂直对齐方式"和"文字方向"，当文字为"横排"方向时，还可以设定"自定义角度"。

45 显示坐标轴的刻度单位

图表中的垂直坐标轴，当数字较多时，很有可能因为眼花而看错位数。这时通过改变显示单位，可以简化数字长度。

Step 1 打开"设置坐标轴格式"窗口

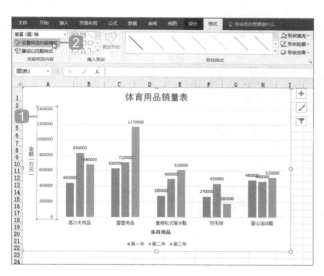

1 选取垂直坐标轴的数值。

2 在"格式"工具栏中单击"设置所选内容格式"按钮，打开"设置坐标轴格式"窗口。

Step 2 设定坐标轴的显示单位为"万"

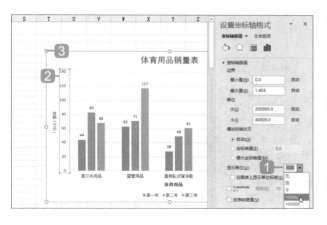

1 在"设置坐标轴格式"窗口的"坐标轴选项"面板中，"显示单位"设为"10000"。

2 会发现图表中原本一长串的数字，已经缩减成了以"×10000"为单位的显示方式。

3 最后适当地调整图表的宽度。

46 调整坐标轴的刻度范围

图表中垂直坐标轴的数值范围如果设置得太宽，就很难看出数据的变化幅度。这时只要减小刻度最大值并增大刻度最小值，缩小坐标轴的数值范围，就可以加强图表变化的幅度。

Step 1 打开"设置坐标轴格式"窗口

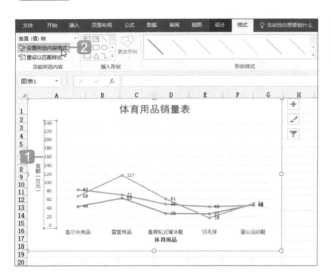

1 选取垂直坐标轴的数值。

2 在"格式"工具栏中单击"设置所选内容格式"按钮，打开"设置坐标轴格式"窗口。

Step 2 修改垂直坐标轴数值范围的最小值和最大值

将垂直坐标轴数值范围的最小值改为150000，最大值改为1350000，让图表的变化更加明显。

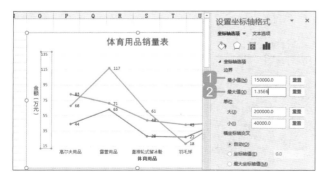

1 在"坐标轴选项"面板中，在"最小值"后的输入框中输入数值150000。

2 在"最大值"后的输入框中输入数值1350000，单击右上角的"关闭"按钮关闭窗口。

47 调整坐标轴主要、次要的刻度单位

图表中垂直坐标轴数值的间距如果设得太宽，数据系列上又没有标注数值，很容易令浏览者无法确认正确的值。这时可以通过缩小刻度的主要单位和次要单位，让图表即使在没有数据标签的辅助下，也可以大致目测出数值。

Step 1 打开"设置坐标轴格式"窗口

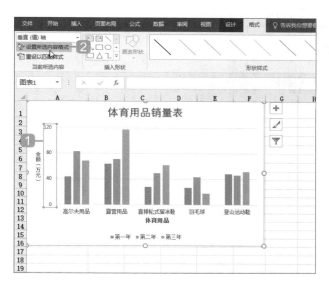

1 选取垂直坐标轴的数值。

2 在"格式"工具栏中单击"设置所选内容格式"按钮，打开"设置坐标轴格式"窗口。

Step 2 修改垂直坐标轴数值的主要刻度单位和次要刻度单位

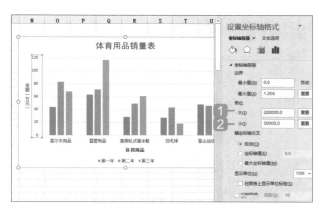

1 在"设置坐标轴格式"窗口中，在"单位"下"大"后的输入框中输入数值200000。

2 在"小"后的输入框中输入数值50000，单击右上角的"关闭"按钮关闭窗口。

48 调整图例的位置

建立图表时，会默认产生相关图例，有助于辨识数据在图表中所呈现的颜色或形状。我们可以按照需求调整图例的位置。

Step 1 设定图例的位置

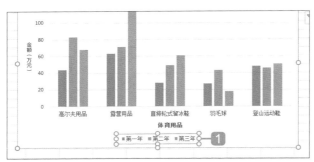

1️⃣ 选取下方的图例。

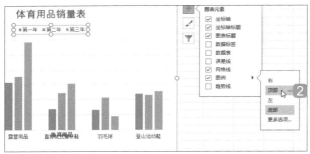

2️⃣ 单击图表元素按钮➕，在列表中单击"图例"右侧的清单按钮▶，在清单中选择想要摆放的位置即可。

Step 2 通过"设置图例格式"窗口设置图例位置

 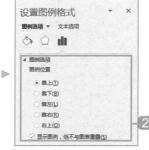

1️⃣ 在选取图例的状态下，单击图表元素按钮➕，在列表中单击"图例"右侧的清单按钮▶，选择"更多选项"。

2️⃣ 打开"设置图例格式"窗口，一样可以调整图例位置。另外，有"右上"和"显示图例，但不与图表重叠"选项可供选择。

49 套用图表样式和图表颜色

建立图表后，可以直接套用Excel提供的各式图表样式和图表颜色，不需要——设定即可快速变更图表的版面和外观。

Step 1　改变图表样式

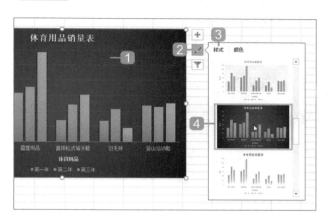

1. 选取图表。

2. 单击图表右侧的图表样式按钮 。

3. 在"样式"列表中选择不同的图表样式，一共提供了14种图表样式。

4. 将鼠标指针移到相应的图表样式上可以预览套用的效果，单击选择的样式即可套用。

Step 2　改变图表颜色

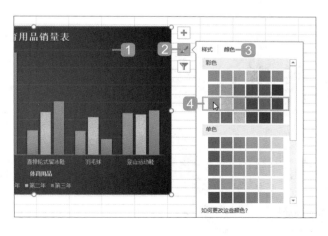

1. 选取图表。

2. 单击图表右侧的图表样式按钮 。

3. 在"颜色"列表中选择不同的图表颜色。

4. 将鼠标指针移到不同颜色上可以预览套用的效果，选择合适的图表颜色单击即可套用。

改变图表的数据源

已建立的图表中可能需要新增或删除一些图表数据源，下面介绍三种改变数据源的方法。

Step 1 利用拖曳的方式改变数据源

案例中要新增一项体育用品"篮球"的销售数据，可以通过拖曳的方式改变数据源。

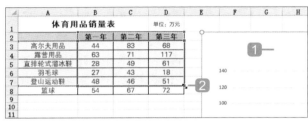

1. 选取图表。

2. 从数据表中可以看到相关的选取范围。将鼠标指针移到想要拖曳的范围控点上（该案例为单元格 D 7 右下角的控点），鼠标指针呈↖状。

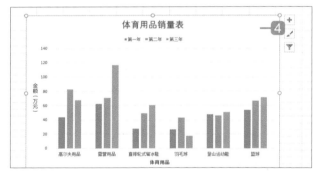

3. 按住鼠标左键不放，往下拖曳到单元格D8。

4. 此时图表根据改变的数据源，调整显示的内容。

Step 2 通过对话框改变数据源

第二种方式是借由图表工具"设计"工具栏中的"选择数据"按钮打开对话框来进行调整。

1. 选取图表后，在"设计"工具栏中单击"选择数据"按钮。

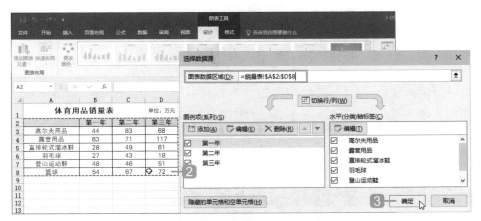

2 在打开的"选择数据源"对话框中,重新选取数据源的单元格A2:D8。

3 回到"选择数据源"对话框即可看到"图表数据区域"中的范围已被修改,单击"确定"按钮。

Step 3 利用复制和粘贴命令改变数据源

第三个方法则是直接复制新增的数据,在图表上通过粘贴命令完成数据的新增。

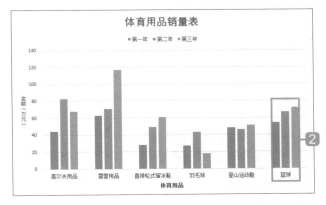

1 在数据表上拖曳选取新增的单元格范围(该案例为单元格A8:D8),然后按 Ctrl + C 组合键复制。

2 选取图表后,按 Ctrl + V 组合键粘贴,刚才复制的数据立即新增到图表中。

体育用品销量表

体育用品销量表	第一年	第二年	第三年
高尔夫用品	44	83	68
露营用品	63	71	117
直排轮式溜冰鞋	28	49	61
羽毛球	27	43	18
登山运动鞋	48	46	51
篮球	54	67	72

51 改变图表类型

已建立好的图表，若因来源数据变动而想用其他的图表样式呈现，不需要重新制作图表，也能轻松地更换为其他图表，如饼图、条形图等。

Step 1 打开"更改图表类型"对话框

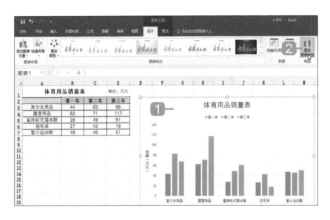

1 选取图表。

2 在"设计"工具栏"类型"功能区中单击"更改图表类型"按钮，打开"更改图表类型"对话框。

Step 2 选择想要更改的图表类型

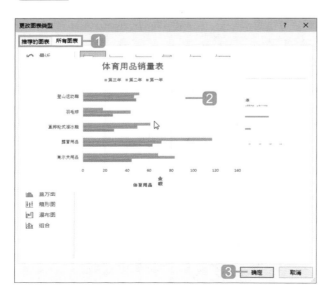

1 在对话框中提供了"推荐的图表"和"所有图表"两类选择列表。Excel一方面会自动对数据进行分析和判断，找出合适的图表类型；另一方面则是列出图表类型的所有选择。

2 如果将鼠标指针移到图表的预览图时，会看到放大的画面。

3 确定更改的图表类型后，单击"确定"按钮，最后再调整一下各个图表元素即可。

52 对调图表行和列的数据

图表中的行和列的数据对调后，可以发现数据不一样的呈现方式。

Step 1 切换行/列数据

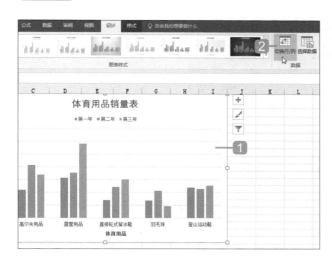

1 选取图表。

2 在"设计"工具栏的"数据"功能区中单击"切换行/列"按钮。

Step 2 更改坐标轴的标题文字

图表中的水平坐标轴标题由原来的"体育用品"改为"时间"，这时可以再根据改变后的图表调整坐标轴的标题文字。

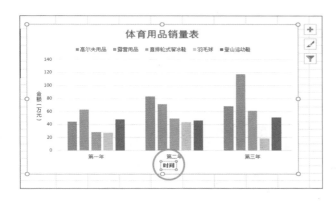

❸ 用图表呈现数据

53 新增和调整图表网格线

借助网格线的辅助，有助于检查图表数据和计算结果，还能够自定义线条的颜色、宽度等格式。

Step 1 选择想要显示的网格线

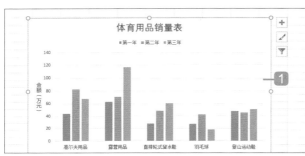

1 选取图表中的网格线。

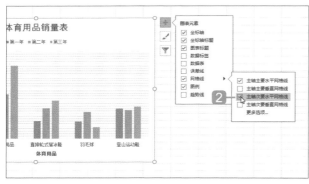

2 单击图表元素按钮 ⊞，在列表中单击"网格线"右侧的清单按钮 ▶，除了预设勾选的"主轴主要水平网格线"，还可以根据图表的内容，勾选需要显示的网格线。

TIPS

隐藏图表网格线

如果不想被网格线干扰，可以在选取图表的状态下，单击图表元素按钮 ⊞，直接取消勾选"网格线"来隐藏网格线。

Step 2 设定主要网格线格式

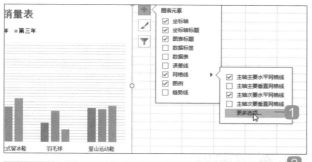

1 在设定清单显示的状态下，选择"更多选项"。

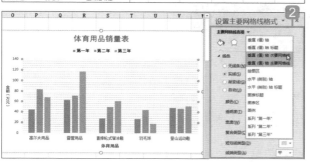

2 在"设置主要网格线格式"窗口中，提供了填充与线条、效果两个设定项目。可以根据需要，调整主要网格线的线条、颜色、宽度等格式。

Step 3 设定次要网格线格式

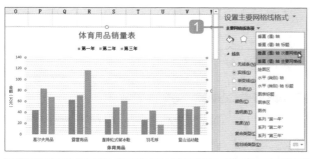

1 如果要切换到设置次要网格线格式时，只要在窗口上方单击"主要网格线选项"右侧的清单按钮，选择"垂直（值）轴 次要网格线"即可。

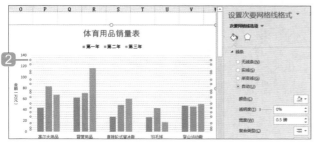

2 这时即可针对次要网格线进行格式的设置。

3 用图表呈现数据

54 设计图表背景

建立好图表后，美化图表必不可少。如果不希望背景只是单调的白色，可以使用下面的方式填充颜色、图片或纹理等，并且可以加上阴影、光晕或柔边等效果。

Step 1 选择背景要填满的颜色或其他设计

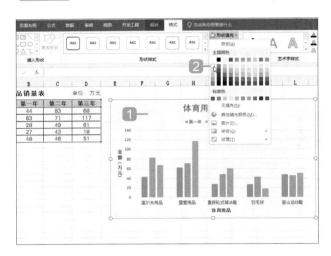

1 选取图表。

2 在"格式"工具栏"形状样式"功能区中单击"形状填充"按钮，下拉菜单中有不同的主题颜色、其他填充颜色、图片、渐变、纹理等效果，选择一个合适的进行套用即可。

Step 2 选择背景要套用的视觉效果

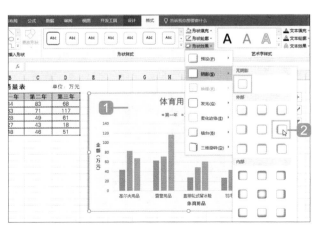

1 选取图表。

2 在"格式"工具栏"形状样式"功能区中单击"形状效果"按钮，下拉菜单提供了阴影、发光、柔化边缘等效果，选择一个合适的进行套用即可。

55 图表背景的透明度

在图表中插入一张图片当作背景时，却发现花花绿绿的内容反而影响了图表观看的效果，这时候可以通过提高图片的透明度，淡化背景图片。

Step 1 打开"设置图表区格式"窗口

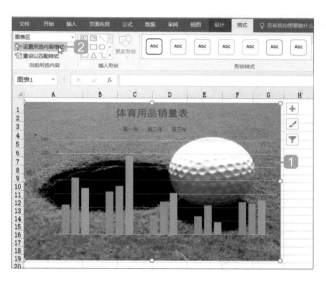

1️⃣ 选取图表。

2️⃣ 在"格式"工具栏中单击"设置所选内容格式"按钮，打开"设置图表区格式"窗口。

Step 2 设定背景图片透明度

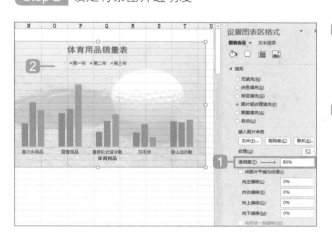

1️⃣ 在"设置图表区格式"窗口中"填充"面板中，通过滑动滑杆或输入数值设定透明度。

2️⃣ 图表的背景图片淡化呈现半透明状态。

56 给图表设计边框效果

建立图表时会默认添加边框。如果想要更改边框的样式，如宽度、颜色或设定为圆角，甚至想要移除边框，都可以参考以下方式进行设定。

Step 1 打开"设置图表区格式"窗口

1 选取图表。

2 在"格式"工具栏中单击"设置所选内容格式"按钮，打开"设置图表区格式"窗口。

Step 2 修改边框样式和设定为圆角

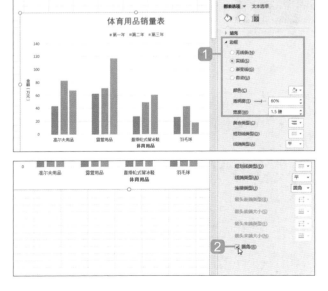

1 在"设置图表区格式"窗口的"边框"面板中，有无线条、实线、渐变线等选项，还有宽度、颜色、连接类型等设定，根据需要调整合适的样式（如果要移除边框，只要选中"无线条"即可）。

2 在"边框"面板中，勾选"圆角"就会将原本直角矩形的边框用圆角呈现。

57 在图表数据系列上显示数据标签

通过图表虽然可以看到数据之间的差异，但往往必须对照一旁的数据表才能知道具体内容。其实只要在数据上加上数据标签，就能让图表更容易被理解。

❸ 用图表呈现数据

Step 1 显示数据标签

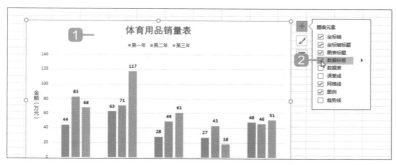

1 选取图表。

2 单击图表元素按钮⊞，在列表中勾选"数据标签"选项。

Step 2 调整数据标签的显示位置

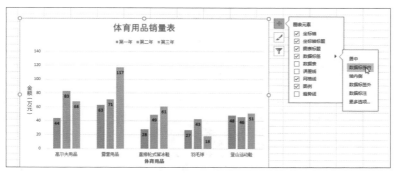

在"数据标签"清单中，可以选择不同的数据标签显示位置。

58 改变数据标签的类别和格式

数据系列上的数据标签除了可以调整位置，还可以改变颜色或显示的内容。

Step 1 打开"设置数据标签格式"窗口

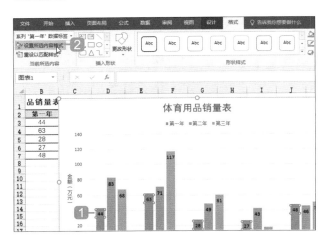

1 选取图表中的数据标签。

2 在"格式"工具栏中单击"设置所选内容格式"按钮，打开"设置数据标签格式"窗口。

Step 2 修改数据标签显示的内容和位置

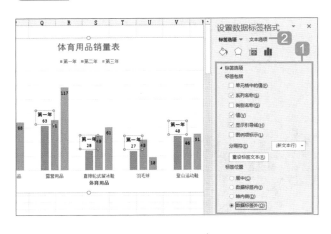

1 在"设置数据标签格式"窗口的"标签选项"面板中，勾选想要显示的标签，如系列名称、类别名称、值等，或者是调整标签位置、设置分隔符等。

2 也可以在其他面板中设定数据标签的颜色、效果等格式。

Step 3 选取其他的数据标签进行相同的设定

其他的数据标签一样可以通过分别选取进行相同的格式调整。

59 指定个别数据系列的颜色

图表除了可以对整体的样式或颜色进行改变，也可以只改变某一行数据的样式。

Step 1 快速套用图案样式

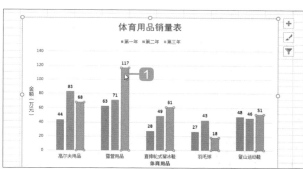

1 在想要单独调整的数据系列上单击一下鼠标左键进行选取（再单击一下鼠标左键，则是只选取该项数据）。

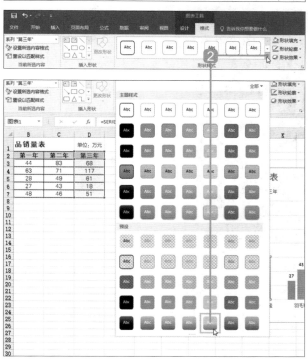

2 在"格式"工具栏中，可以通过"形状填充""形状轮廓""形状效果"按钮自定义格式。

但如果不想花太多时间思考，也可以直接单击"格式"工具栏"形状样式"功能区中的"其他"按钮，套用Excel设计好的配色，既快速又好看。

通过"设置数据系列格式"窗口完成调整

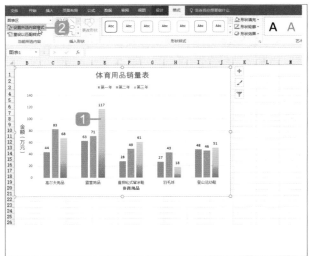

1 选取需要个别调整的数据系列作为调整对象。

2 在"格式"工具栏中单击"设置所选内容格式"按钮,打开"设置数据系列格式"窗口。

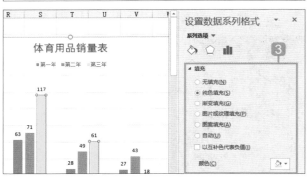

3 "填充"面板和"边框"面板对填充颜色和边框进行调整。

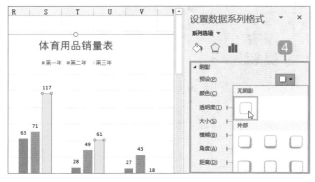

4 "阴影"面板对预设、颜色、透明度等进行调整。

60 用图片替代数据系列的颜色

图表中的数据系列除了可以通过颜色区别，也可以根据图表的主题，选择更贴切的图片来代替，让图表数据可以更直观地呈现。

Step 1 打开"设置数据系列格式"窗口

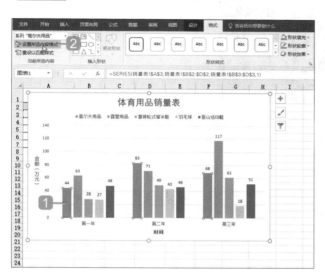

1 选取图表中的数据系列。

2 在"格式"工具栏中单击"设置所选内容格式"按钮，打开"设置数据系列格式"窗口。

Step 2 选择需要套用的图片

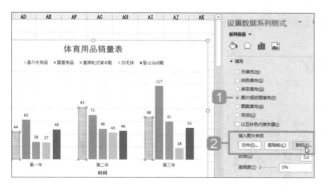

1 在"填充"面板中，勾选"图片或纹理填充"选项。

2 从"插入图片来自"下的"文件"中，可以选择电脑内储存的图片，或者从"剪贴板"中选择Excel自带的图片（这里选择"联机"）。

3 在打开的"插入图片"对话框"图像搜索"输入框中,输入图片名称的关键字,按 **Enter** 键即可。

4 一开始会搜索到 Creative Commons 所授权的图片,完成图片选取后单击"插入"按钮(若勾选"包含来自Office Online的内容"选项后单击"插入"按钮,可以扩大选择范围,但使用图片时应合法取得授权)。

Step 3 改变图片显示的方式

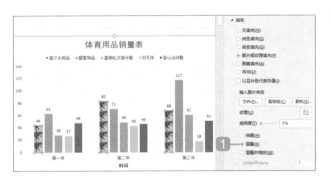

1 在"填充"面板中勾选"层叠"选项,让图片呈现一个个叠加上去的效果。

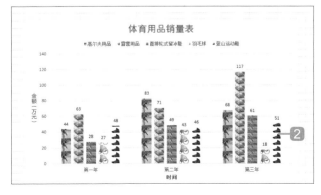

2 按照相同的操作方式,给其他的数据系列换上相关的图片。

61 负值的数据系列用其他颜色显示

使用柱形图或条形图呈现数据时，有可能会遇到负值的情况，而预设的数据系列无论正负都会用相同的颜色显示。如果想要区分出正、负值的数据系列，可以通过以下方式调整。

Step 1 打开"设置数据系列格式"窗口

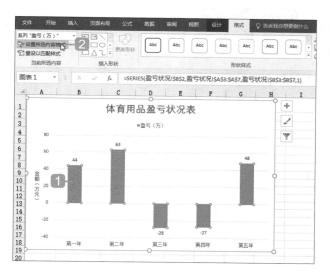

1. 选取图表中的数据系列。

2. 在"格式"工具栏中单击"设置所选内容格式"按钮，打开"设置数据系列格式"窗口。

Step 2 以互补色显示负值

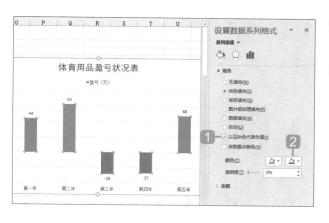

1. 在"填充"面板中勾选"以互补色代表负值"选项。

2. 在"颜色"后第二个"反转的填充颜色"中，选择负值要套用的颜色即可。

62 套用快速图表布局

若没有太多时间自行设计图表，可以使用"快速布局"功能立即改变图表的外观，即可快速套用图表布局到预设图表中。

Step 1 选择要套用的图表布局

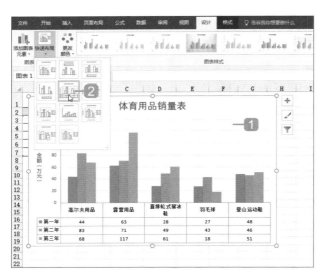

1 选取图表。

2 在"设计"工具栏中单击"快速布局"按钮，下拉菜单中提供了11种不同的图表布局，可以选择合适的图表布局进行套用。

Step 2 快速改变图表布局

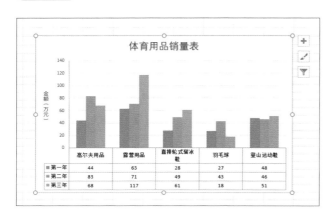

◀ 给图表快速套用指定的布局，即可迅速得到所要的图表外观。

63 复制或移动图表到其他工作表

为了方便单独地检阅图表，可以将图表复制或移动到其他工作表中。

Step 1 复制图表

通过复制功能移动图表时，原图表会保留在原先的位置，而在另一个工作表中产生相同的图表。

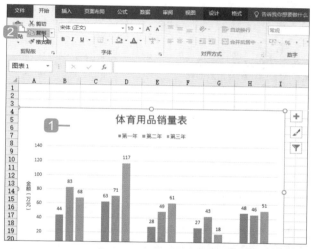

1 选取图表。

2 在"开始"工具栏中单击"复制"按钮。

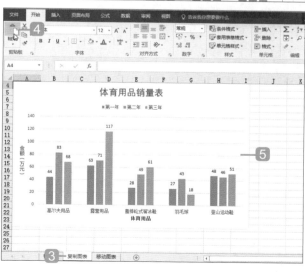

3 选择存放图表的工作表，在需要放置图表的单元格处单击。

4 在"开始"工具栏中单击"粘贴"按钮。

5 即可得到刚才复制的图表。

移动图表

通过"移动图表"功能，可以将原图表移动到新的工作表或现有的工作表中。

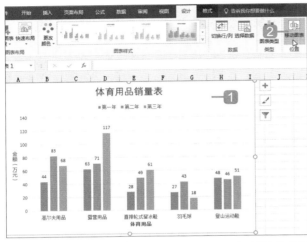

1 选取图表。

2 在"设计"工具栏中单击
"移动图表"按钮，打开
"移动图表"对话框。

3 勾选"对象位于"选项，
并指定移动位置为已建立
的工作表。

4 单击"确定"按钮。

5 即可将图表移动到指定的
工作表中。

TIPS

移动图表到新工作表

如果Excel中未建立新的工作表时，可以单击"插入工作表"按钮，Excel会自动
新建一个工作表，将图表移入并放大至整个工作表。但这样的移动方式在完成图
表的移动后，图表将无法移动位置或缩放大小。

64 将图表由平面变立体

平面类型的图表如果不足以表现所需的质感，可以使用"更改图表类型"功能，制作出立体类型的图表。

Step 1 打开"更改图表类型"对话框

1 选取图表。

2 在"设计"工具栏中单击"更改图表类型"按钮，打开"更改图表类型"对话框。

Step 2 选择想要套用的立体图表类型

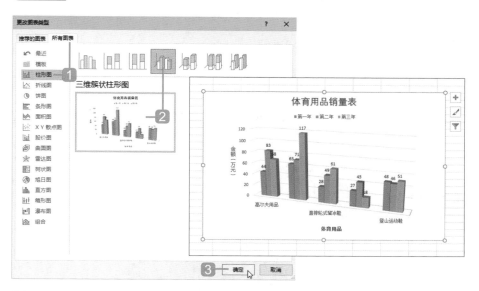

1 在"更改图表类型"对话框中选择想要的图表类型。

2 右侧即可选择想要呈现的立体样式进行套用。

3 最后单击"确定"按钮，原本平面的图表就会变为立体的图表。

65 改变三维图表的角度或透视效果

调整立体图表的左右旋转角度、透视程度和远近深度，以强化图表的视觉张力。

Step 1 打开"设置图表区格式"窗口

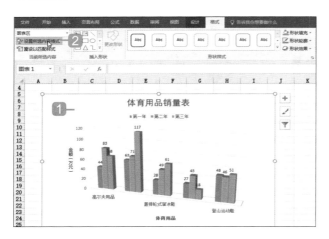

1 选取图表。

2 在"格式"工具栏中单击
"设置所选内容格式"按
钮，打开"设置图表区格
式"窗口。

Step 2 设定立体图表的深度和旋转角度

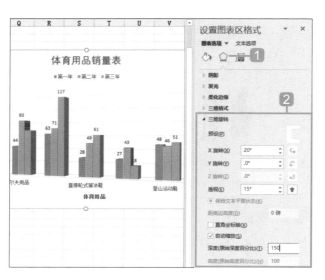

1 单击"效果"选项。

2 在"三维旋转"面板中，
可以设定X轴或Y轴的旋转
角度，还有透视、深度等
调整选项，根据需要适当
地调整图表的旋转角度。

66 给图表加上趋势线

在图表上画出趋势线可以更了解数据的走势，以下说明如何生成趋势线和修改格式。

Step 1 为数据选择合适的趋势线类型

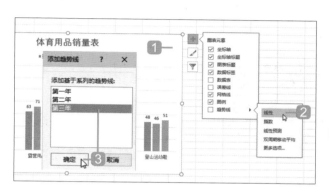

1. 选取图表。
2. 单击图表元素按钮⊞，在列表中单击"趋势线"右侧的清单按钮▶，选择"线性"选项。
3. 在弹出的"添加趋势线"对话框中，选择"第三年"后单击"确定"按钮完成添加趋势线。

Step 2 调整趋势线的格式

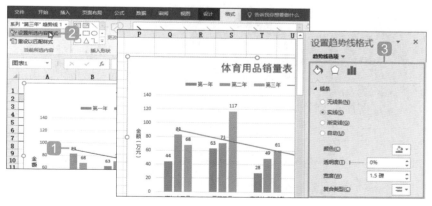

1. 选取趋势线。
2. 在"格式"工具栏中单击"设置所选内容格式"按钮，打开"设置趋势线格式"窗口。
3. 提供了"填充与线条""效果""趋势线选项"三个选项，可以根据需求调整线条、阴影、趋势线选项等格式。

67 分离饼图中的某个扇区

Excel中可以将数据快速转化为饼图，并从饼图中取出某一个扇区，让焦点集中在特定的扇区区域。

Step 1 选取需要独立分离的扇区

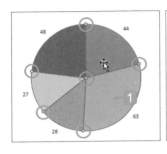 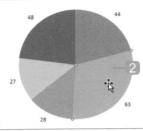

1 在绿色的扇区上单击一下鼠标左键，选中整个饼图，会出现6个控点。

2 再在绿色的扇区上单击一下鼠标左键，即可选取单一的扇区，此时控点还剩3个。

Step 2 通过拖曳分离指定的扇区

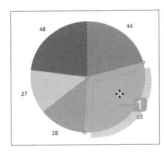 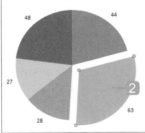

1 在已单独选取的绿色扇区上，按住鼠标左键不放往外拖曳，当出现虚线后放开鼠标左键。

2 即可分离出该扇区。

┌─ **TIPS** ─────────────────

指定扇区分离程度的百分比

在选取指定的扇区后，在"格式"工具栏中单击"设置所选内容格式"按钮，打开"设置数据系列格式"窗口。在"系列选项"面板中可以通过调整"饼图分离"的滑杆设定该扇区分离程度的百分比。

68 调整饼图的扇区起始角度

从饼图中分离的扇区，可以通过角度调整起始的位置。

Step 1 打开"设置数据系列格式"窗口

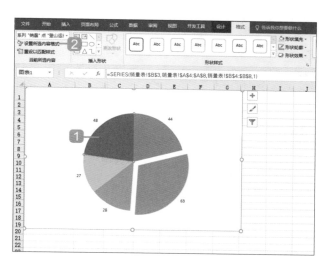

1 选取任一扇区。

2 在"格式"工具栏中单击"设置所选内容格式"按钮，打开"设置数据系列格式"窗口。

Step 2 调整扇区的起始角度

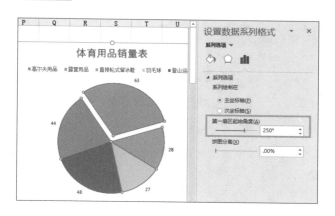

在"系列选项"面板中的"第一扇区起始角度"下输入想要旋转的角度后，即可发现所有的扇区都跟着转动。

69 利用筛选功能显示图表的指定项目

图表除了可以完整显示分析的数据外，也可以通过筛选显示部分的数据。

Step 1 筛选图表数据

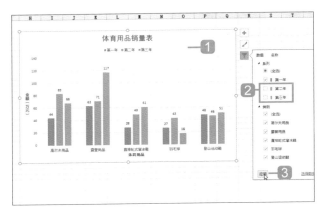

1 选取图表。

2 单击图表右侧的图表筛选按钮，列表中提供了"数值"和"名称"两个筛选项目，预设是全部勾选的，也可以根据需要，取消勾选不显示的项目。

3 单击"应用"按钮。

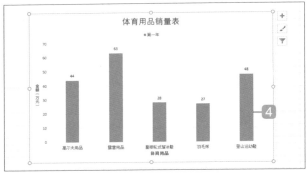

4 该案例筛选后仅显示第一年各项体育用品的销售状况（再单击图表筛选按钮可以隐藏设定列表）。

Step 2 还原筛选数据

筛选完的数据如果想要恢复原状，可以直接单击图表筛选按钮，将列表中的"数值"或"名称"项目都勾选"全选"即可。

90

70 在单元格中显示走势图

走势图可以根据数据内容在单元格中快速显示折线图、柱形图等分析类型的小图表。

Step 1 插入走势图

	A	B	C	D	E	F	G
1		体育用品销量表					单位：万元
2		第一年	第二年	第三年	第四年	第五年	走势图
3	高尔夫用品	44	83	68	39	75	

1. 选取单元格范围B3:F3。

2. 单击快速分析按钮，在列表中选择"迷你图"中的"折线图"。

2		第一年	第二年	第三年	第四年	第五年	走势图
3	高尔夫用品	44	83	68	39	75	
4	露营用品	63	71	117	47	69	
5	直排轮式溜冰鞋	28	49				
6	羽毛球	27	43				
7	登山运动鞋	48	46				
8							
9							

格式化(F)　图表(C)　汇总(O)　表格(T)　迷你图(S)

折线图　柱形图　盈亏

D	E	F	G	H
表			单位：万元	
第三年	第四年	第五年	走势图	
68	39	75		
117	47	69		
61	25	43		
18	34	66		
51	63	25		

D	E	F	G
量表			单位：万元
第三年	第四年	第五年	走势图
68	39	75	
117	47	69	
61	25	43	
18	34	66	
51	63	25	

3. 选取出现走势图的单元格G3，将鼠标指针移到单元格右下角的填充控点上，此时指针会呈+状。

4. 往下拖曳至单元格G7，再放开鼠标左键，即会填入相应的走势图。

Step 2 编辑走势图

走势图中提供了高点、低点等其他特殊数据点显示，并可以快速套用样式进行美化。

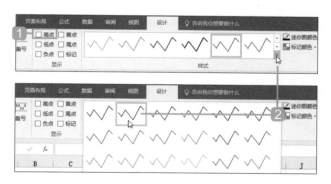

1. 在选取单元格G3:G7的状态下，在"设计"工具栏中勾选"高点"选项。

2. 在"设计"工具栏的"样式"功能区中单击"其他"按钮，在下拉列表中选择样式"褐色，迷你图样式着色2，深色50%"。

③ 用图表呈现数据

71 将自制图表变成图表模板

如果觉得图表制作得很棒，想要储存为模板供下一次使用时，可以参考以下方式，将自制的图表做成模板快速套用在其他图表上。

Step 1 将图表存成图表模板

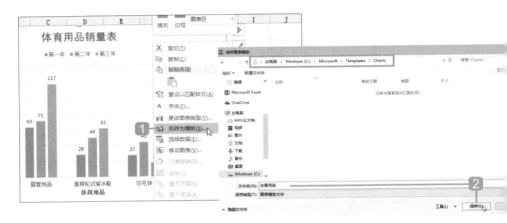

1 在图表空白区单击鼠标右键，在快捷菜单中单击"另存为模板"按钮，打开"保存图表模板"对话框。

2 将模板储存在指定路径内，调整文件名后单击"保存"按钮。

Step 2 套用自定义的图表模板

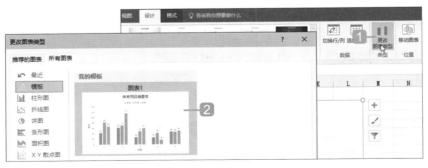

1 选取图表后，在"设计"工具栏中单击"更改图表类型"按钮。

2 在"更改图表类型"对话框的"所有图表"标签下选择"模板"，即可看到刚刚保存的图表模板。

组合式图表的应用

组合式图表是两种或多种图表类型的结合，让数据变得容易理解，尤其当数据不同而导致彼此差异过大时，通过主、次坐标轴的设计，能更有效地分析数据中的信息。

72 不同性质的多组数据相互比较

进阶条形图

📍 案例分析

当遇到多组数据相互比较时，常会用条形图或柱形图来呈现。当面对大量数据时，柱形图会因为数据过多而导致水平轴文字被压缩或倾斜摆放，这时就可以改用条形图来呈现，它会根据数据的量往上或往下延伸，让图表不会因为空间不足而导致文字或数字被压缩，可以完整地展现分析结果。

在这个"支出预算"案例中，首先将数据表制作成二维条形图，接着修改垂直坐标轴和图例名称，调整条形图的格式，如次坐标轴的设定、显示水平坐标轴的单位、数据系列的设计等，最后再通过数据标签显示预算和实际总额之间的差额，并更改图表标题和强调超出预算的支出项目，帮助使用者根据这份条形图快速分析出实际支出到底超出或未达预算多少金额。

第一季支出预算			单位：万
项目	预算	总额	差额
广告	$300,000	$380,000	–$80,000
税款	$500,000	$680,000	–$180,000
办公用品	$300,000	$240,000	$60,000
房租	$800,000	$820,000	–$20,000
电话费	$100,000	$81,000	$19,000
水电费	$100,000	$68,000	$32,000

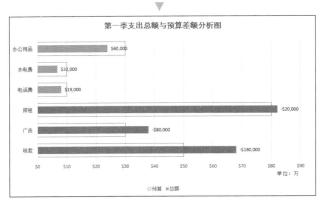

⊙ 操作说明

建立条形图

柱形图和条形图都适合用来表现多个数据间的比较，案例中首先进行二维条形图的建立。

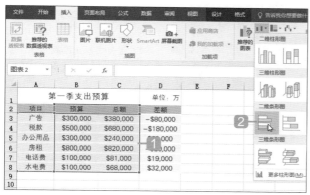

1 选取制作图表的数据单元格范围A2:C8。

2 在"插入"工具栏的"图表"功能区中单击"柱形图"按钮，在下拉菜单中选择"二维条形图"。

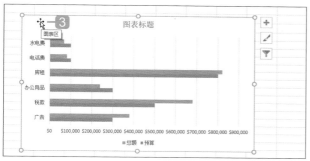

3 刚建立好的图表会重叠在数据表上方，将鼠标指针移至图表上方呈状时进行拖曳，将图表移至工作表中合适的位置上。

调整条形图的格式

在案例中想把表示"预算"和"总额"的数据系列相互重叠，并通过坐标轴、数据系列填充和边框等格式的调整，让人能看出每个支出项目的实际总额是超出还是未达到预算金额。

Step 1 将"总额"数据系列设定为次坐标轴以表现重叠效果

由于需要将这两个数据系列分别设定格式,因此将"总额"数据系列设定为次坐标轴,也因为这样的调整使图表中原本分开呈现的数据系列重叠在一起,蓝色系列代表的"预算"在下,橙色系列代表的"总额"在上。

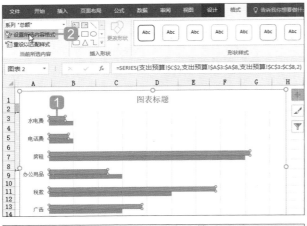

1 选取橙色的"总额"数据系列。

2 在"格式"工具栏中单击"设置所选内容格式"按钮,打开"设置数据系列格式"窗口。

3 在"系列选项"面板中勾选"次坐标轴"选项。

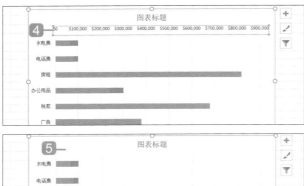

4 选取"图表标题"下方生成的水平次坐标轴。

5 按 Del 键删除。

显示水平坐标轴的单位

在水平坐标轴中，数值因为位数太长而不容易分辨，以下就以"万"为显示单位，简
化数值的位数，以方便阅读。

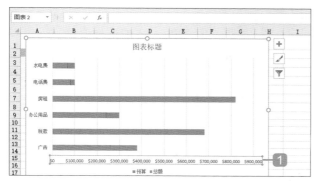

1 选取水平坐标轴。

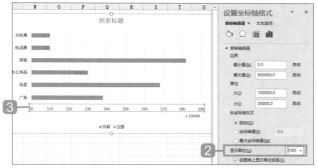

2 在"设置坐标轴格式"窗
口的"坐标轴选项"面板
中，设定"显示单位"为
10000。

3 原本一长串的数值，简化为
以"万"为单位的金额。

4 选取"×10000"的文字框。

5 在输入框中输入"单位：
万"，按 Enter 键完成。

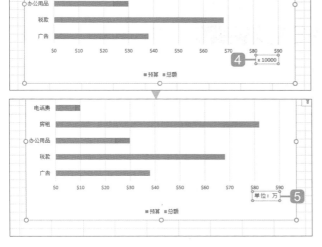

接下来调整条形图的颜色和线条格式，以区分出这两组数据。

1 选取蓝色的"预算"数据系列。

2 在"设置数据系列格式"窗口的"系列选项"面板中，设定"间隙宽度"为50%。

3 在"填充"面板中勾选"无填充"选项。

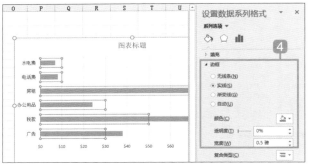

4 再在"边框"面板中勾选"实线"选项，并设定线条颜色和透明度。

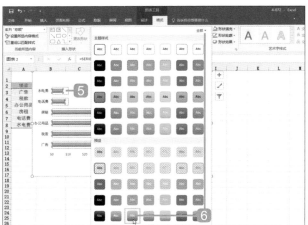

5 选取橙色的"总额"数据系列。

6 在"格式"工具栏中单击"形状样式"功能区中的"全部"按钮，在下拉菜单中选择合适的样式进行套用。

利用数据标签显示支出差额

在数据系列的右侧用数据标签显示"预算"和"总额"之间的"差额"。

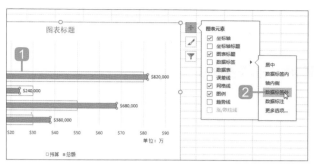

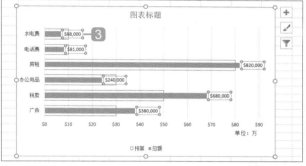

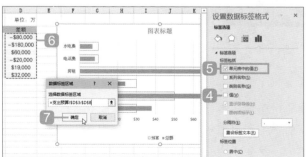

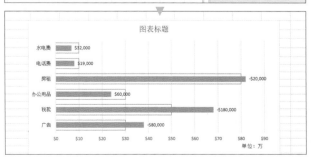

1 选取橙色的"总额"数据系列。

2 单击图表元素按钮⊞，在列表中单击"数据标签"右侧的清单按钮▶，在清单中选择"数据标签外"选项。

3 因为目前生成的数据标签的值为"总额"的数据，所以必须选取数据标签后再指定为"差额"的数据。

4 在"设置数据标签格式"窗口的"标签选项"面板中，取消勾选"值"选项。

5 勾选"单元格中的值"选项。

6 在"设置数据标签格式"窗口打开的状态下，在工作表中拖曳选取数据单元格范围D3:D8。

7 回到窗口中单击"确定"按钮，这样即可将原本显示"总额"的数据标签改为显示"差额"的数据标签。

横条的上下排序

支出预算中的"差额"是"预算"减去"总额"的值，若值为负数，则表示该支出项目已超支；若值为正数，则表示未超出预算。该条形图的数据系列要根据来源数据"差额"的值进行排序，数据系列的显示顺序为超支最少在上（60000）、超支最多在下（−180000）。

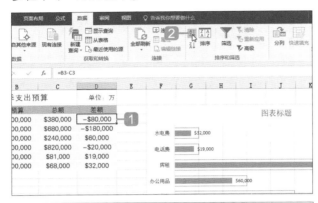

1 选取单元格D3。

2 在"数据"工具栏中单击"升序"按钮（数值会由小到大排序）。

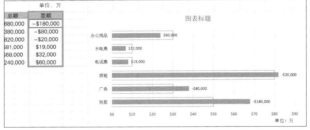

◀ 发现源数据已经按照"差额"从小到大排列，而图表中横条的数据系列则是从"差额"最大值（超支最少）的60000由上往下逐一排列（图表中数据系列的排序方式和数据表的排序相反）。

最后调整

调整图表标题，并将超过支出预算（"差额"为负数）的数据系列用红色标示，借此完成案例的制作。通过颜色区别正负数值，可以看出这一季"办公用品""水电费"和"电话费"的支出都控制在预算内，反而"房租""广告"和"税款"超支的原因需要引起重视。

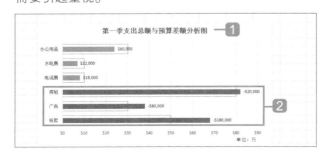

1 图表标题输入"第一季支出总额与预算差额分析图"，并调整格式。

2 分别选取"房租""广告"和"税款"（总额）橙色的数据系列，将其调整为红色。

73 损益分析和预测趋势走向

柱形图 **趋势线**

案例分析

在这个"损益评估"案例中，先将数据表制作成二维柱形图，接着修改图表标题和图例位置、坐标轴的单位与刻度、数据系列的宽度与颜色，然后加上趋势线，检视和预测投资标的走向，最后用文字和图案强调正负报酬和损益回复状况，完整分析出两组标的物投资绩效。

债券&股票损益评估		
	全球债券	**全球股票**
2014/07	−NT$5,500	−NT$32,000
2014/08	−NT$30,000	−NT$58,000
2014/09	−NT$50,500	−NT$68,000
2014/10	−NT$25,000	−NT$37,000
2014/11	−NT$15,000	NT$5,000
2014/12	NT$35,000	NT$11,000
2015/01	NT$50,000	−NT$20,000
2015/02	NT$60,000	NT$21,000
2015/03	NT$85,000	−NT$35,000
2015/04	NT$100,000	−NT$24,000
2015/05	NT$130,000	NT$7,000

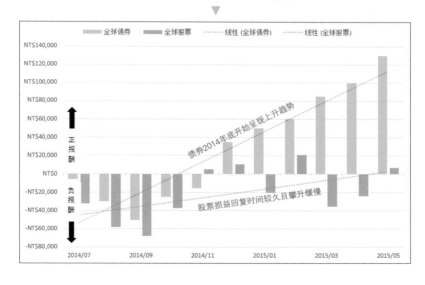

⊙ 操作说明

建立柱形图

案例中先建立二维柱形图。

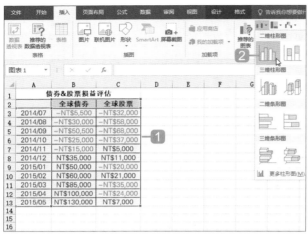

1. 选取制作图表的单元格范围A2:C13。

2. 在"插入"工具栏的"图表"功能区中单击"柱形图"按钮,在下拉菜单中选择"二维柱形图"。

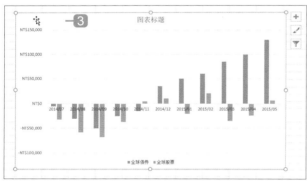

3. 建立好的图表会重叠在数据表上方,将鼠标指针移至图表上方呈 ⊹ 状时进行拖曳,将图表移至工作表中合适的位置进行摆放。

调整图表标题和图例

为了增加柱形图的显示空间,先隐藏图表标题,接着再调整图例的位置。

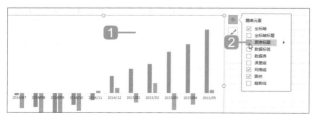

1. 选取图表。

2. 单击图表元素按钮 ➕ ,再在列表中取消勾选"图表标题"选项来隐藏图表标题。

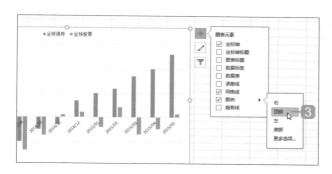

3 单击图表元素按钮⊞，在列表中单击"图例"右侧的清单按钮▶，选择"顶部"选项。

调整坐标轴

以下针对水平坐标轴和垂直坐标轴的格式进行调整。

Step 1　调整水平坐标轴的单位和刻度

日期的位置叠在柱形图上，让人不好阅读，通过单位和刻度的设定，再适当下移即可让水平坐标轴一目了然。

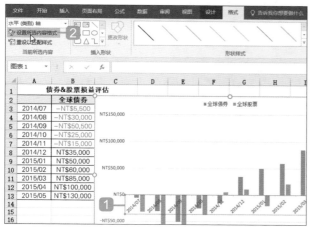

1 选取水平坐标轴。

2 在"格式"工具栏中单击"设置所选内容格式"按钮，打开"设置坐标轴格式"窗口。

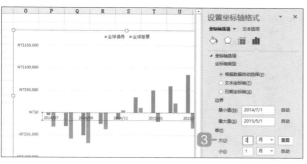

3 在"设置坐标轴格式"窗口的"坐标轴选项"面板中，设定"单位"的"大"值为2月。

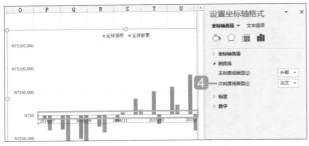

4 在"刻度线"面板中，设定"次刻度线类型"为"交叉"，看到上下柱形图间的网格线会出现内外侧刻度。

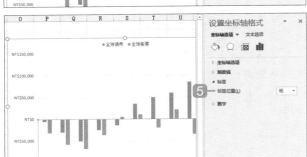

5 在"标签"面板中，设定"标签位置"为"低"。

Step 2 调整垂直坐标轴的单位和格式

缩减垂直坐标轴金额间的差距，让显示的数值变得密集，并将负数金额的字体颜色改为黑色。

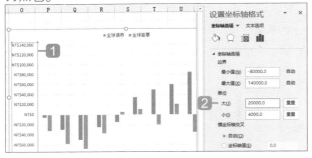

1 选取垂直坐标轴。

2 在"设置坐标轴格式"窗口的"坐标轴选项"面板中，设定"单位"的"大"值为20000。

3 在"数字"面板中设定"类型"为"[\$NT\$]#,##0"。

调整数据系列的间距和颜色

将债券和股票两组数据系列加宽一些，并修改颜色。

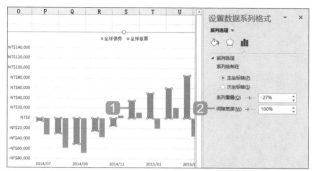

1 选取图表中的"全球债券"数据系列。

2 在"设置数据系列格式"窗口中，设定"间隙宽度"为100%，从而加宽柱形图。

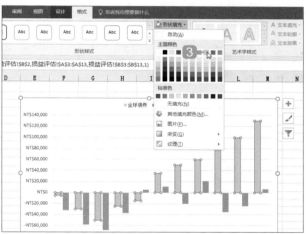

3 在选取数据系列的状态下，在"格式"工具栏中单击"形状填充"按钮，在下拉菜单中选择合适的颜色填充即可。

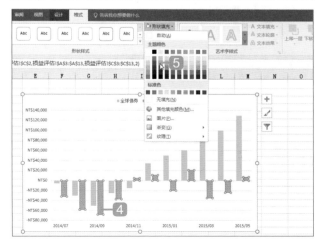

4 选取图表中的"全球股票"数据系列。

5 在"格式"工具栏中单击"形状填充"按钮，在下拉菜单中选择另一个合适的颜色进行填充。

加入趋势线

加入趋势线可以便于查看数据的趋势，并进行预测分析。

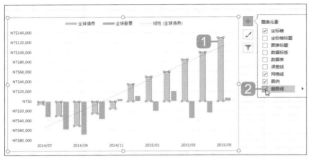

1 选取图表中的"全球债券"数据系列。

2 单击图表元素按钮➕，在列表中勾选"趋势线"选项，此时在图表中会出现预设的蓝色虚线趋势线。

3 选取图表中的"全球股票"数据系列。

4 单击图表元素按钮➕，在列表中勾选"趋势线"选项，会在图表中出现另一预设的橙色虚线趋势线。

运用文字和图案让图表呈现多元化

图表除了能将数据图像化，还可以搭配一些图案或文字，让图表的呈现更加生动和清晰。

Step 1　等比例放大图表尺寸

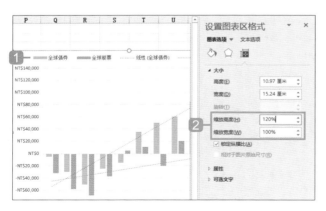

1 选取图表。

2 在"设置图表区格式"窗口的"大小"面板中，先勾选"锁定纵横比"选项，再通过输入放大的百分比数值，调整缩放高度和缩放宽度。

1 在"布局"工具栏中单击"文本框"按钮,在下拉菜单中选择"竖排文本框"选项。

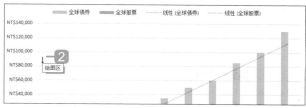

2 鼠标指针会呈↓状,移到图表上想要放置的地方。

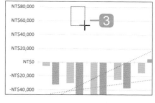

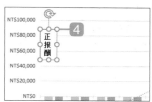

3 按住鼠标左键不放拖曳出一个文本框。

4 输入"正报酬"文字。

5 将鼠标指针移到文本框上,单击一下选取整个文本框,在"开始"工具栏"字体"功能区中设定文字格式。

6 将鼠标指针移到文本框上呈状时,拖曳文本框到如左图所示的适当位置,并按 Ctrl + C 组合键复制。

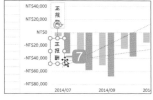

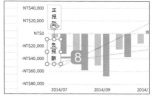

7 按 Ctrl + V 组合键粘贴后,将文本框移到如左图所示的适当位置。

8 修改文字为"负报酬"。

❹ 组合式图表的应用

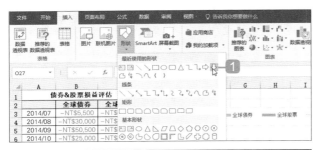

1. 在"插入"工具栏中单击"形状"按钮,在"最近使用的形状"中选择下箭头。

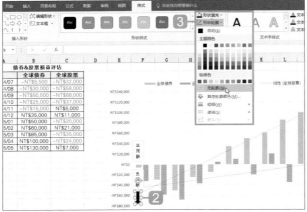

2. 按住鼠标左键不放,在图表上拖曳出一个下箭头,并移动到"负报酬"文字下方放置。

3. 在选中箭头的状态下,在"格式"工具栏中分别设定"形状填充"和"形状轮廓"。

4. 用 Ctrl + C 组合键和 Ctrl + V 组合键复制和粘贴另一个下箭头,并移至"正报酬"文字上方。

5. 在选中复制的下箭头状态下,在"格式"工具栏"排列"功能区中单击"旋转"按钮,在下拉菜单中选择"垂直翻转"即可变更箭头方向。

Step 4 在趋势线上用文字表现重点

最后在趋势线上，用文本框简单说明数据的整体趋势，完成这个案例的制作。

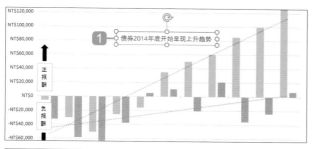

1. 在"插入"工具栏中单击"文本框"按钮，选择插入"横排文本框"，在空白处拖曳出文本框后输入如左图的文字后，按一下 [Esc] 键选取整个文本框，在"开始"工具栏中设定文字格式。

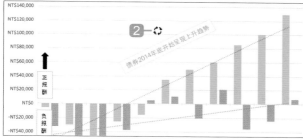

2. 将鼠标指针移到文本框的旋转控点 ↻ 上，按住鼠标左键不放旋转至和"全球债券"蓝色趋势线同样水平的角度。

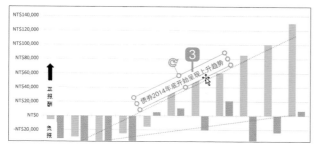

3. 将鼠标指针移到文本框上呈 ✛ 状时，拖曳文本框靠近"全球债券"的蓝色趋势线。

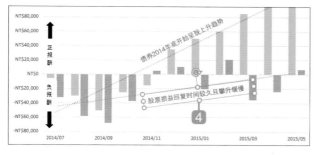

4. 用 [Ctrl] + [C] 组合键和 [Ctrl] + [V] 组合键复制和粘贴另一个文本框，并修改为如左图所示的文字。一样旋转角度和移动位置靠近"全球股票"的橙色趋势线。

❹ 组合式图表的应用

案例分析

在第一份"赴台旅客人数统计"的案例中，除了将各国或地区赴台的旅客以折线图的方式呈现2012年、2013年、2014年的人数变化；另外，搭配柱形图表现各国或地区的旅客三年的总数。这里将更改图表类型和图表格式作为学习重点，另外再进行图表标题的设计。

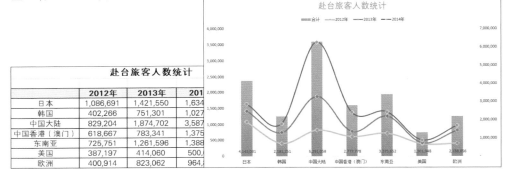

赴台旅客人数统计			
	2012年	**2013年**	**201**
日本	1,086,691	1,421,550	1,634
韩国	402,266	751,301	1,027
中国大陆	829,204	1,874,702	3,587
中国香港（澳门）	618,667	783,341	1,375
东南亚	725,751	1,261,596	1,388
美国	387,197	414,060	500,
欧洲	400,914	823,062	964,

在第二份"赴台旅客增长率分析"的案例中，除了用面积图的方式堆叠出2013年和2014年各国或地区的人数变化；另外，搭配折线图表现两年间各国或地区旅客的增长率。这里将用复制、粘贴图表的方式快速建立新图表，修改数据源、图表类型、图表格式作为学习重点。

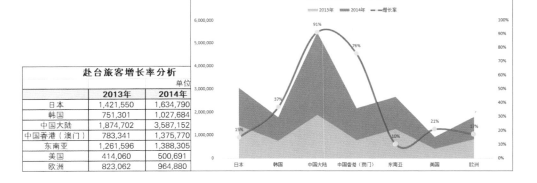

赴台旅客增长率分析		
		单位
	2013年	**2014年**
日本	1,421,550	1,634,790
韩国	751,301	1,027,684
中国大陆	1,874,702	3,587,152
中国香港（澳门）	783,341	1,375,770
东南亚	1,261,596	1,388,305
美国	414,060	500,691
欧洲	823,062	964,880

建立折线图

案例中先建立带数据标记的折线图。

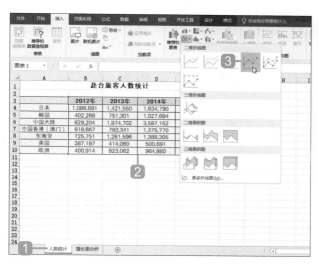

1. 选取"人数统计"工作表。

2. 选取制作图表的数据源的单元格范围A3:E10

3. 在"插入"工具栏中单击"折线图"按钮,在下拉菜单中选择"带数据标记的折线图"。

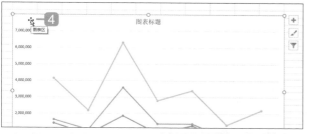

4. 刚建立好的图表会重叠在数据表上方,因此将鼠标指针移到图表上方呈 状时进行拖曳,将图表移至工作表中合适的位置进行摆放。

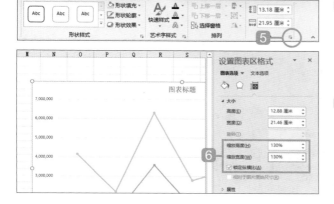

5. 在选取图表的状态下,在"格式"工具栏的"大小"功能区中单击"大小和属性"按钮,打开"设置图表区格式"窗口。

6. 勾选"锁定纵横比"选项,接着输入放大的百分比数值,调整高度和宽度。

变更为组合式图表

刚刚建立的图表会出现四条折线，分别代表2012年、2013年、2014年和合计的数据，在这个案例中想要将合计人数用柱形图的方式表现，可以通过"更改图表类型"将数据从原来单纯的折线图调整为搭配柱形图的组合式图表。

1 选取图表。

2 在"设计"工具栏中单击"更改图表类型"按钮，打开"更改图表类型"对话框。

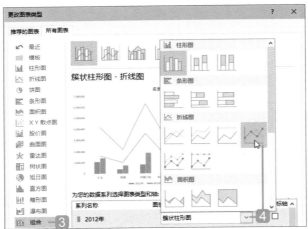

3 在"所有图表"中选择"组合"选项。

4 在2012年的数据系列后单击"图表"清单按钮，在清单中选择"折线图"中的"带数据标记的折线图"，将图表重新套用。

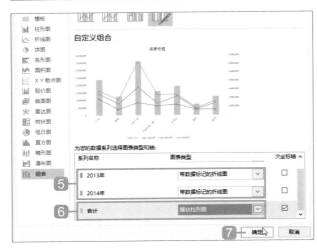

5 另外，将2013年、2014年的数据系列分别套用"带数据标记的折线图"。

6 将"合计"数据系列调整为"簇状柱形图"，并勾选"次坐标轴"选项。

7 单击"确定"按钮。

调整组合式图表格式

完成初始组合图表的建立后，接下来就按照顺序进行数据系列、图例、数据标签、坐标轴、网格线等格式的调整。

Step 1 自定义数据系列格式

调整2012年、2013年、2014年三组数据系列的线条和标记格式。

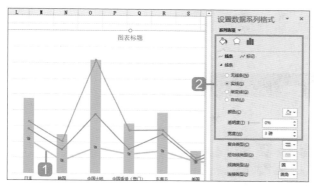

1 选取2012年的数据系列。

2 在"设置数据系列格式"窗口的"线条"面板中勾选"实线"，并设置合适的色彩和宽度。

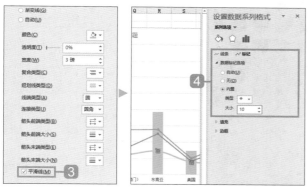

3 在窗口中将滚轴向下拖曳，勾选"平滑线"选项。

4 单击标记按钮，在"数据标记选项"面板中勾选"内置"，设定"类型"和"大小"。

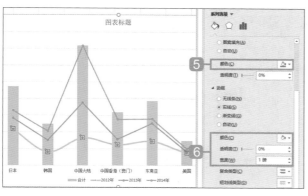

5 接着修改"填充"面板中的"颜色"选项。

6 在"边框"面板中修改"颜色"和"宽度"。

❹ 组合式图表的应用

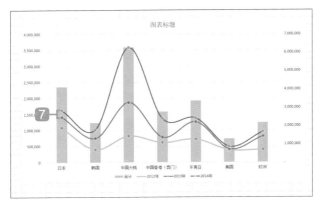

7 参考2012年数据系列的调整方式,将2013年和2014年的数据系列进行相同的处理。

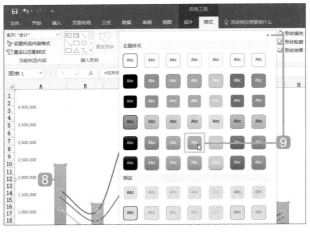

8 选取"合计"的数据系列。

9 在"格式"工具栏"形状样式"功能区中单击右下角的"其他"按钮,在下拉菜单中选择合适的样式进行套用。

Step 2 将图例移至图表上方

将原本在图表下方的图例移到图表上方。

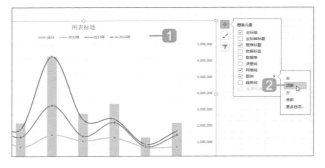

1 选取图表。

2 单击图表元素按钮➕,在列表中单击"图例"右侧的清单按钮▶,在清单中选择"顶部"选项。

Step 3 将合计的数据标签显示在柱形图下方

将各国或地区三年来台旅客的"合计"人数统一显示在柱形图下方。

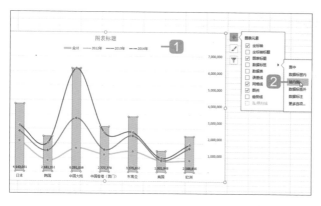

1️⃣ 选取"合计"数据系列。

2️⃣ 单击图表元素按钮➕，在列表中单击"数据标签"右侧的清单按钮▸，在清单中选择"轴内侧"选项。

Step 4 统一图表中的文字颜色和取消网格线

一次修改图表中所有文字的颜色，并取消图表中的网格线。

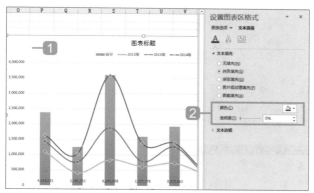

1️⃣ 选取图表。

2️⃣ 在"设置图表区格式"窗口中选择"文本选项"，在"文本填充"面板中修改文字的颜色。

3️⃣ 单击图表元素按钮➕，在列表中取消勾选"网格线"选项（再单击图表元素按钮➕隐藏设定列表）。

设计图表标题文字

修改图表的标题文字并套用艺术字，将标题变得更为出色。

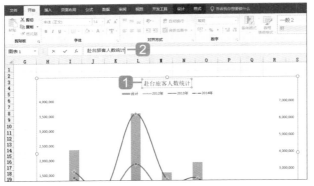

1 选取图表标题。

2 在输入框中输入"赴台旅客人数统计"，按 **Enter** 键完成输入。

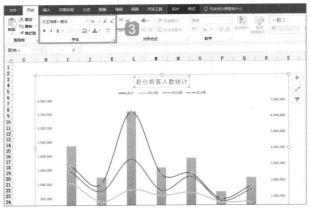

3 在选中图表标题的状态下，在"开始"工具栏中设定字体、大小等格式。

4 最后在"格式"工具栏的"艺术字样式"功能区中单击右下角的"其他"按钮，在下拉菜单中选择合适的样式进行套用，这样就完成了第一个图表的制作。

通过复制快速生成新的组合式图表

第一个"赴台旅客人数统计"组合式图表中，主要用折线图表示2012年、2013年和2014年各国或地区的旅客数量，另外再通过柱形图呈现各国或地区三年的赴台总人数。在第二个即将建立的图表中，使用面积图和折线图表现近两年各国或地区的赴台人数的增长状况。

Step 1 使用复制和粘贴功能生成另一个组合式图表

为了让两份图表的外观不会相差太多，先通过复制、粘贴省略一些重复的设定步骤，也可以借此达到统一格式的目的。

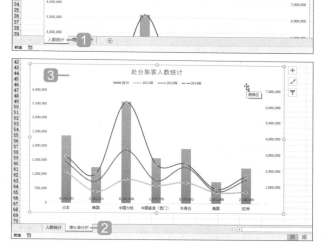

1 在"人数统计"工作表中选中图表，按 Ctrl + C 组合键进行复制。

2 切换到"增长率分析"工作表中。

3 在想要摆放图表处的单元格上单击一下，然后按 Ctrl + V 组合键粘贴。

Step 2 改变图表的数据源

由于复制生成的图表，预设还是以原来工作表的数据内容作为主要来源，所以要先调整数据的来源。

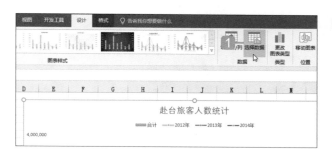

1 在选中图表的状态下，在"设计"工具栏中单击"选择数据"按钮，打开"选择数据源"对话框。

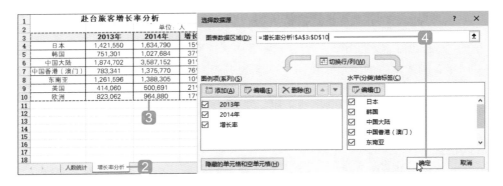

2 选中"增长率分析"工作表。

3 重新拖曳选取数据源的单元格范围A3:D10。

4 在"图表数据区域"的输入框中，会发现图表的数据范围已更新，单击"确定"按钮完成操作。

Step 3 调整图表类型

数据范围的改变，也带动了图表的改变。不过看得出来目前的图表类型并不合适，在此要用面积图和折线图表现近两年各国或地区赴台人数的增长状况。

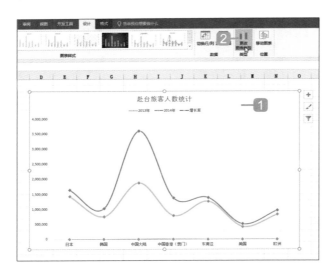

1 选取图表。

2 在"设计"工具栏中单击"更改图表类型"按钮，打开"更改图表类型"对话框。

3 在"更改图表类型"对话框的"所有图表"中选择"组合"选项。

4 将2013年和2014年的数据系列调整为"面积图"中的"堆积面积图"。

5 将"增长率"的数据系列调整为"带数据标记的折线图",并勾选"次坐标轴"选项。

6 单击"确定"按钮。

Step 4 修正垂直坐标轴的最大值和单位间距

是否发现预设的橙色堆积面积图被裁切了?没关系!调整一下垂直坐标轴人数的显示范围和间隔,就能够完整地显示了。

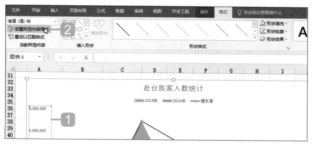

1 选取垂直坐标轴。

2 在"格式"工具栏中单击"设置所选内容格式"按钮,打开"设置坐标轴格式"窗口。

3 在"坐标轴选项"面板中,"最大值"后的输入框中输入数值6000000。

4 "小"后的输入框中输入数值1000000。

❹ 组合式图表的应用

Step 5 修改次坐标轴的文字颜色

将图表右侧次坐标轴的百分比数值改为深蓝色，统一图表中所有文字的颜色。

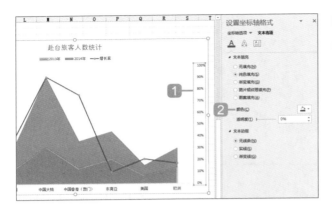

1️⃣ 选取垂直次坐标轴。

2️⃣ 在"设置坐标轴格式"窗口的"文本填充"面板中，给文字设定色彩。

Step 6 快速改变图表颜色

直接套用Excel设计好的色彩样式。

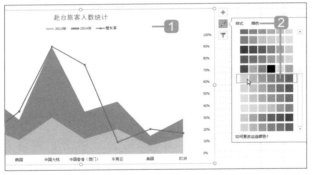

1️⃣ 选取图表。

2️⃣ 单击图表样式按钮🖊，在"颜色"面板中选择合适的图表颜色，这里选择"单色调色板8"。

3️⃣ 套用颜色后，单击图表样式按钮🖊隐藏设定列表。

修改数据系列格式

参考前面"人数统计"工作表中图表线条的调整方式（P113），给"增长率"数据
系列修改格式。

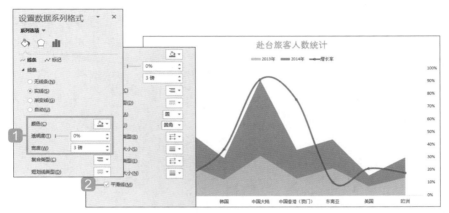

1️⃣ 选取"增长率"的数据系列，在"设置数据系列格式"窗口的"线
条"面板中，修改线条颜色和宽度。

2️⃣ 在"线条"面板中勾选"平滑线"选项。

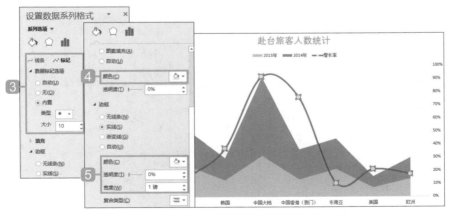

3️⃣ 选中数据标签，在"设置数据系列格式"窗口的"数据标记选项"面
板中，勾选"内置"选项并设定"类型"和"大小"。

4️⃣ 在"填充"面板中设置数据标签的填充颜色。

5️⃣ 在"边框"面板中设置颜色和宽度。

Step 8 显示增长率的数据标签

在折线图上方标示出增长率的数据。

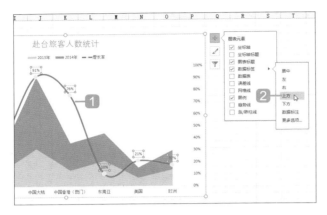

1 选取"增长率"数据系列。

2 单击图表元素按钮 ➕，在列表中单击"数据标签"右侧的清单按钮 ▶，在清单中选择"上方"选项。

Step 9 修改图表标题

最后将图表标题修改为"赴台旅客增长率分析"，即完成该案例的制作。

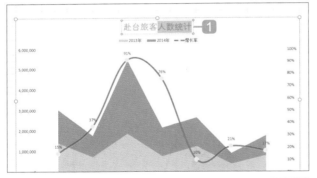

1 选取图表标题后，选中"人数统计"四个字。

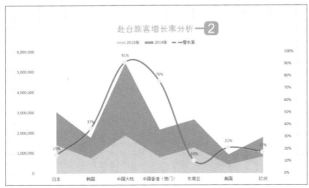

2 输入"增长率分析"后，在空白单元格处单击一下即可完成修改。

主题式图表的应用

生活或工作中有很多机会使用图表，如家庭支出记录表、员工业绩统计分析表、员工薪酬支出分析表、商品销售分析表、商品优势分析表、商品市场分析表等都是常见的主题式图表应用的案例。将各种类型的图表进行搭配设计，掌握图表全应用！

75 家庭支出记录表

饼图　复合饼图　复合条饼图

🔴 案例分析

日常生活每月的收支除了固定的水电费、房租费用外，还有一些琐碎的支出费用，如伙食、服装、教育、医疗、交际等费用，通过"家庭支出记录表"可以使每笔收支更加清楚。

这份"家庭支出记录表"的案例中，使用函数将各类的收支加和并自动化日期格式，在此可以使用最能表现数据占整体比例多少的饼图分析生活各项收支百分比。

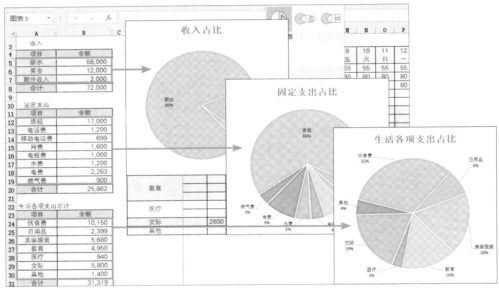

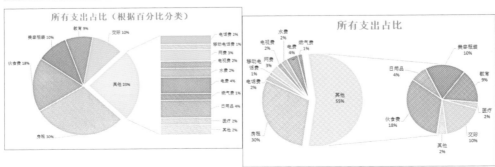

⊙ 操作说明

通过函数加和各类的收入和支出

在"家庭支出记录表"的案例中，将所有消费的数字用SUM函数分别加和，完成家庭支出记录表的计算。

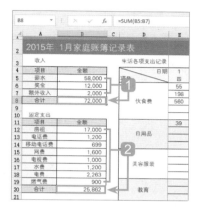

1️⃣ "收入"项目的"合计"金额，在单元格B8中输入SUM函数的计算公式：=SUM(B5:B7)。

2️⃣ "固定支出"项目的"合计"金额，在单元格B20中输入SUM函数的计算公式：=SUM(B12:B19)。

3️⃣ 在单元格B24到B31中输入SUM函数的运算公式，合计"生活各项支出总计"类别的金额：

伙食费（单元格B24）：=SUM(E6:AI10)

日用品（单元格B25）：=SUM(E11:AI14)

美容服装（单元格B26）：=SUM(E15:AI18)

教育（单元格B27）：=SUM(E19:AI21)

医疗（单元格B28）：=SUM(E22:AI23)

交际（单元格B29）：=SUM(E24:AI24)

其他（单元格B30）：=SUM(E25:AI25)

合计（单元格B31）：=SUM(B24:B30)

4️⃣ 在单元格B33中加和算出"月收支合计"的值（收入 − 固定支出 − 生活各项支出总计），输入公式：=B8−B20−B31。

5 主题式图表的应用

用饼图分析各项收支比例

饼图是最适合分析数据比例的图表，在"家庭支出记录表"的左侧分别有"收入""固定支出""生活各项支出总计"三项主要的收支类别，将整个圆形按照占有比例的大小进行切割，可以清楚地显示各个项目在总体中的比例。

Step 1 建立"收入"的饼图

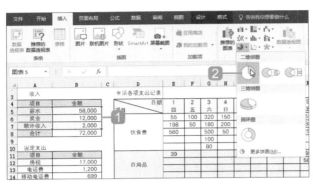

1 选取单元格A5:B7。

2 在"插入"工具栏中单击"饼图"按钮，在下拉菜单中选择"饼图"或"圆环图"。

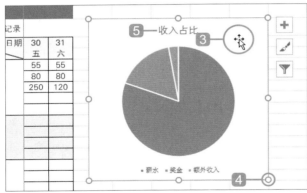

3 刚建立好的图表会重叠在数据表上方，将鼠标指针移至图表上方呈状时进行拖曳，将图表移至工作表右侧合适的位置摆放。

4 拖曳图表四个角的控点调整图表的大小。

5 修改图表标题。

Step 2 套用合适的图表样式和图表布局

1 在"设计"工具栏的"图表样式"功能区中选择合适的图表样式进行套用。

2 再在"图表布局"下拉菜单中选择合适的图表布局进行套用。

Step 3 调整扇区的起始角度和分离程度

饼图将各项目所占的比例以扇区的形式呈现在一个完整的圆形中，每个扇区都可以设定其间隔和角度。

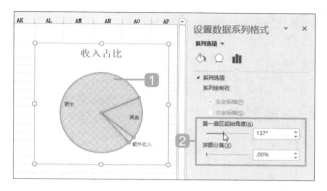

1. 在任一扇区上单击鼠标左键选中扇区，在"格式"工具栏中单击"设置所选内容格式"按钮，打开"设置数据系列格式"窗口。

2. 在"系列选项"面板中，调整"第一扇区起始角度"的值可以旋转圆形的角度，调整"饼图分离"的值可以使扇区分离。

Step 4 调整数据标签的标注方式

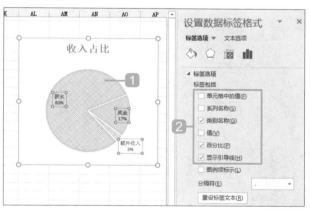

1. 在任一数据标签上单击选中标签，在"格式"工具栏中单击"设置所选内容格式"按钮，打开"设置数据标签格式"窗口。

2. 在"标签选项"面板中分别勾选"类别名称""百分比""显示引导线"。

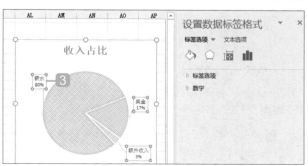

3. ——选中图表上的数据标签，将其拖曳到饼图外合适的位置处摆放（会自动出现引导线）。

前面已完成了"收入"的饼图制作，接着将该图表储存为模板，制作"固定支出"和"生活各项支出总计"时就可以直接套用模板快速完成饼图的制作。

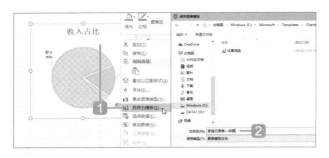

1 在图表上的空白处单击鼠标右键，选择"另存为模板"命令。

2 在预设的指定路径下，输入模板的文件名后单击"保存"按钮。

Step 6 套用模板快速完成"固定支出"和"生活各项支出总计"支出项目的饼图

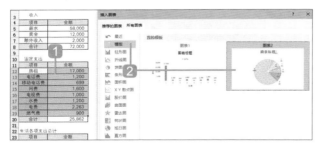

1 选取单元格范围A12:B19。

2 在"插入"工具栏中单击"推荐的图表"按钮，再在"所有图表"面板中选择"模板"选项，选择已保存的模板，单击"确定"按钮。

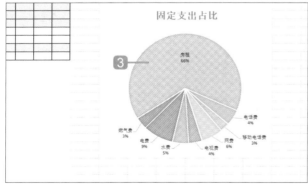

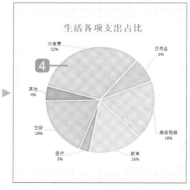

3 套用模板建立的饼图已完成了八成，接下来只要微调该饼图的大小、位置、图表标题、数据系列角度和数据标签即可完成"固定支出占比"饼图图表。

4 最后，选取单元格范围A24:B30，同样套用模板后再微调一下相关元素即可完成"生活各项支出占比"饼图图表。

用复合饼图按照类别分析支出占比

当饼图中有扇区的比例比较小时，要辨别各个扇区就会变得很困难，复合饼图常用于突显较小的扇区。在"家庭支出记录表"中将整合"固定支出"和"生活各项支出总计"两个支出项目的数据，通过复合饼图比较所有支出项目所占的比例。

Step 1 建立复合饼图

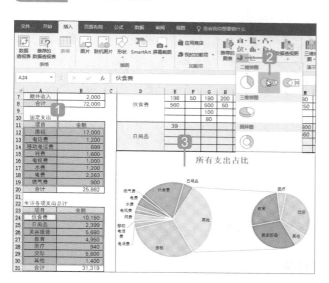

1. 选取单元格A12:B19，按住 Ctrl 键不放再选取单元格A24:B30。

2. 在"插入"工具栏中单击"饼图"按钮，在下拉菜单中选择插入"复合饼图"。

3. 同样地，微调此复合饼图的大小、位置、图表标题、数据系列角度。

Step 2 调整要在复合饼图中呈现的项目

复合饼图会从主饼图中分离出指定的扇区，再用子饼图来显示分离的扇区，而在主饼图上就以"其他"这个项目统称作为分离的扇区，此处要将"生活各项支出总计"项目中的七笔支出整理到子饼图中。

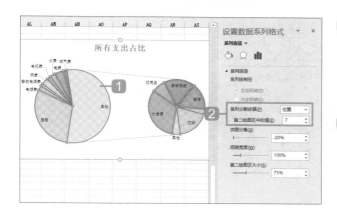

1. 在任一扇区上单击鼠标左键选中扇区，在"格式"工具栏中单击"设置所选内容格式"按钮，打开"设置数据系列格式"窗口。

2. 在"系列选项"面板中，设定"系列分割依据"为"位置"，"第二绘图区中的值"为7。

Step 3 调整单一扇区分离程度和数据标签的标注方式

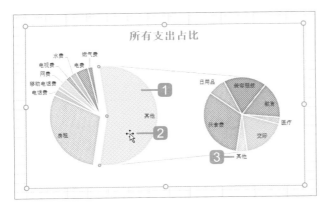

1 先在任一扇区上单击一下鼠标左键选中整个饼图，再在"其他"扇区上单击一下鼠标左键，即可单独选取此扇区。

2 按住"其他"扇区不放往外拖曳即可分离出该扇区。

3 最后再微调各个数据标签的位置并加上百分比标注。

用复合条饼图按照百分比值分析支出的占比

为了让饼图中较小的扇区更加显而易见，常使用复合饼图和复合条饼图来呈现。复合条饼图同样会从主饼图中分离出较小的扇区，再用堆积柱形图来显示分离出的扇区。

Step 1 建立复合条饼图

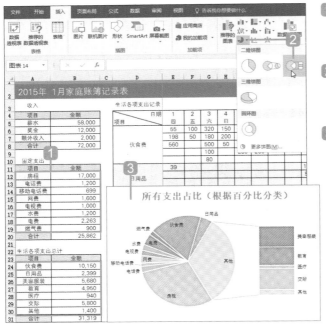

1 选取单元格A12:B19，按住 **Ctrl** 键不放再选取单元格A24:B30。

2 在"插入"工具栏中单击"饼图"按钮，选择插入"复合条饼图"。

3 同样地，微调此复合条饼图的大小、位置、图表标题、数据系列角度。

复合条饼图会从主饼图中分离出指定的扇区，再用堆积柱形图来显示分离的扇区，而在主饼图上就以"其他"这个项目统称作为分离的扇区，此处要将支出占比小于5%的项目整理到堆积柱形图中。

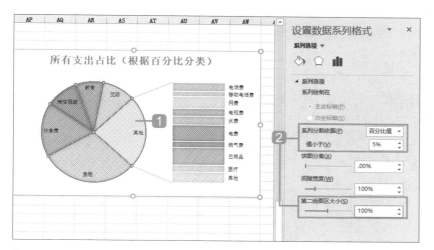

1️⃣ 在任一扇区上单击鼠标左键选中扇区，在"格式"工具栏中单击"设置所选内容格式"按钮，打开"设置数据系列格式"窗口。

2️⃣ 在"系列选项"面板中，设定"系列分割依据"为"百分比值"，"值小于"设置为5%，"第二绘图区大小"设置为100%（如果项目较多，建议将堆积柱形图放大）。

Step 3 调整单一扇区的分离程度和数据标签的标注方式

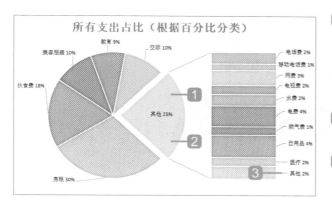

1️⃣ 先在任一扇区上单击一下鼠标左键选中整个主饼图，再在"其他"扇区上单击一下鼠标左键，即可单独选取此扇区。

2️⃣ 按住"其他"扇区不放往外拖曳即可分离出该扇区。

3️⃣ 最后再微调各个数据标签的位置并加上百分比标注。

快速生成下个月的家庭支出记录表

前面已经设计完成了这个月的家庭支出记录表，接着可以直接复制生成下个月的空白的家庭支出记录表，只要先复制当前的这个工作表再删去不需要的数值资料，保留公式和运算方式，就是一份新的家庭支出记录表了。

Step 1 复制出下个月的家庭支出记录表

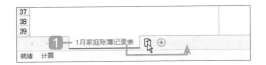 

1 按住 **Ctrl** 键不放，用鼠标指针选中这个已经制作完成的"1月家庭支出记录表"的工作表标签，将其拖曳至要复制的位置后放开鼠标左键。

2 在"1月家庭支出记录表（2）"的工作表标签上双击鼠标左键，更改工作表标签的名称为"2月家庭支出记录表"，再按 **Enter** 键完成工作表名称的变更。不要忘了修改单元格B2中月份的值，在此输入2，即生成了2月的家庭支出记录表。

Step 2 清空上个月的收支数据

利用"定位条件"功能选取每个月需要变更的收支数据，删除数据资料，保留函数公式，这样就是一份新的家庭支出记录表了。

1 选取单元格范围B5:A33。

2 在"开始"工具栏的"编辑"功能区中单击"查找和选择"按钮，在下拉菜单中选择"定位条件"选项。

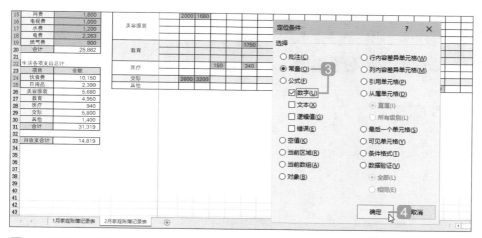

15	网费	1,600
16	电视费	1,000
17	水费	1,200
18	电费	2,263
19	燃气费	900
20	合计	25,862
21		
22	生活各项支出总计	
23	项目	金额
24	伙食费	10,150
25	日用品	2,399
26	美容服装	5,680
27	教育	4,950
28	医疗	940
29	交际	5,800
30	其他	1,400
31	合计	31,319
32		
33	月收支合计	14,819

3️⃣ 在"定位条件"对话框中勾选"常量",再勾选"数字"并取消勾选其他选项。

4️⃣ 单击"确定"按钮完成目标指定后,可以看到选取范围中的数值已经被全部选取,这时按一下 Del 键即可一次删除,成为一份新的家庭支出记录表。之后只要输入收支数据,就可以完成该月家庭支出记录表的建立。

Step 3 输入收支数据即自动生成相关图表

在新的月份的家庭支出记录表中输入该月的收支数据后,即可看到制作好的图表会自动呈现出相关的数据占比分析情况。

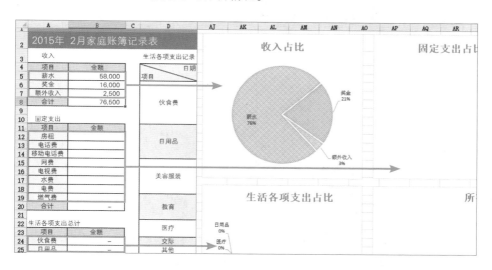

员工业绩统计分析表

簇状柱形图　　XY散点图

案例分析

管理人员如果想帮助员工提升其业绩表现，通过每个月整理得到的员工业绩统计表最能一目了然。

本案例中的"员工业绩统计分析表"包含业绩目标、完成业绩、完成百分比、业绩百分比、业绩金额排名情况等项，在这里要使用柱形图和XY散点图来分析目标达成情况和达成率，让管理者能够有效掌握员工在商品营销能力上的表现。

员工编号	员工姓名	业绩目标	完成业绩	完成百分比	业绩百分比	是否完成	业绩金额排名情况	完成率排名情况
AZ0001	蔡佳燕	100万	116万	116%	8%	完成	4	5
AZ0002	黄安伶	100万	98万	98%	7%		8	10
AZ0003	蔡文良	150万	220万	147%	15%	完成	1	2
AZ0004	林毓裕	100万	96万	96%	6%		9	11
AZ0005	尤宛臻	150万	124万	83%	8%		3	13
AZ0006	杜美玲	50万	55万	110%	4%	完成	12	7
AZ0007	陈金玮	100万	105万	105%	7%	完成	6	8
AZ0008	赖彦廷	50万	105万	210%	7%	完成	6	1
AZ0009	杨韦志	50万	60万	120%	4%	完成	11	4
AZ0010	洪馨仪	100万	83万	83%	6%		10	12
AZ0011	黄启吟	100万	113万	113%	8%	完成	5	6
AZ0012	赵茂峰	50万	30万	60%	2%		15	15
AZ0013	吴俊毅	50万	40万	80%	3%		14	14
AZ0014	张佳蓉	50万	50万	100%	3%	完成	13	9
AZ0015	刘可欣	150万	185万	123%	13%	完成	2	3
合计		15	1480		100%			

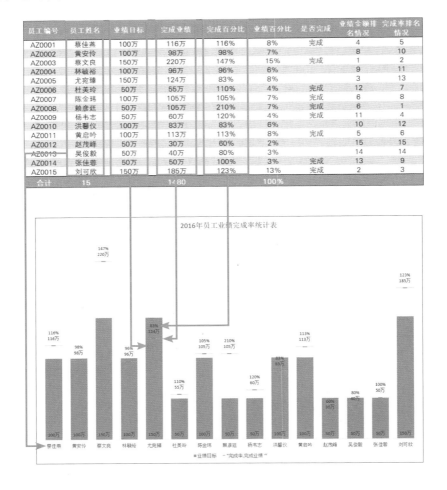

用柱形图比较目标和完成情况

柱形图常用于多个数据需要进行比较的情况。在此案例的"员工业绩统计分析表"中，先将"员工姓名""业绩目标"和"完成业绩"这三项信息通过柱形图进行呈现，可以看出当前有哪几位员工完成了业绩目标。

	A	B	C	D	E	F	G
4	员工编号	员工姓名	业绩目标	完成业绩	完成百分比	业绩百分比	是否完成
5	AZ0001	蔡佳燕	100万	116万	116%	8%	完成
6	AZ0002	黄安伶	100万	98万	98%	7%	
7	AZ0003	蔡文良	150万	220万	147%	15%	完成
8	AZ0004	林敏裕	100万	96万	96%	6%	
9	AZ0005	尤宪臻	150万	124万	83%	8%	
10	AZ0006	杜美玲	50万	55万	110%	4%	完成
11	AZ0007	陈金玮	100万	105万	105%	7%	完成
12	AZ0008	赖彦廷	50万	105万	210%	7%	完成
13	AZ0009	杨韦志	50万	60万	120%	4%	完成
14	AZ0010	洪馨仪	100万	83万	83%	6%	
15	AZ0011	黄启吟	100万	113万	113%	8%	完成
16	AZ0012	赵茂峰	50万	30万	60%	2%	
17	AZ0013	吴俊毅	50万	40万	80%	3%	
18	AZ0014	张佳蓉	50万	50万	100%	3%	完成
19	AZ0015	刘可欣	150万	185万	123%	13%	完成
20	合计	15		1480		100%	

① 选取单元格B4:D19，在"插入"工具栏中单击"柱形图"按钮，选择插入"簇状柱形图"。

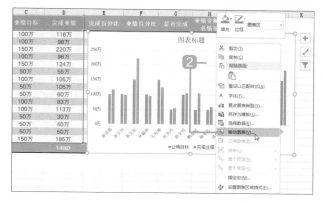

② 在图表的空白处单击鼠标右键，选择"移动图表"选项。

③ 在"移动图表"对话框中选择"新工作表"，在输入框中输入工作表的名称"员工业绩完成率分析表"，单击"确定"按钮。

用XY散点图呈现"完成业绩"的幅度

XY散点图主要用来比较不均匀测量间隔数据的变化情况，将"业绩完成率"的数据系列改用XY散点图的端点进行呈现，这样"业绩目标"和"完成业绩"的关系就会更加明显。

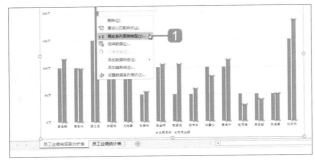

1 在"完成业绩"的数据系列上单击鼠标右键，在弹出的快捷菜单中选择"更改系列图表类型"选项。

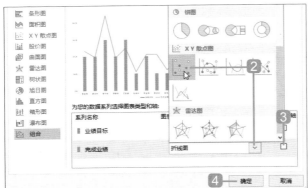

2 在"组合"类型图表中，将"完成业绩"数据系列的图表类型更改为"XY散点图"。

3 取消勾选"次坐标轴"。

4 单击"确定"按钮。

这样一来，"完成业绩"数据系列就变为了XY散点图，其预设是菱形小方块，为了在后续调整时可以让数据系列呈现得更加明显，要先加宽"业绩目标"数据系列的宽度。

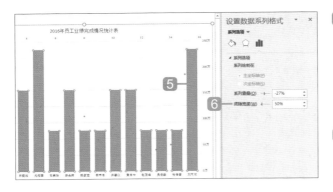

5 在"业绩目标"的数据系列上单击选中数据系列，在"格式"工具栏中单击"设置所选内容格式"按钮，打开"设置数据系列格式"窗口。

6 在"系列选项"面板中，设定"间隙宽度"为50%，加宽数据系列的宽度。

用误差线强化"完成业绩"的显示情况

可以在柱形图、折线图、XY散点图或气泡图等图表中的数据系列上加上误差线。误差线类似于科学实验结果中显示的正、负可能的误差量,而在这个案例中则是要用误差线强化显示XY散点图的数据。

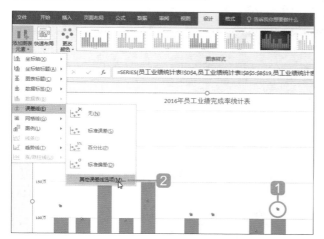
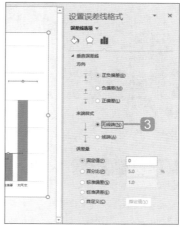

1. 选中XY散点图上的数据点。

2. 在"设计"工具栏中单击"添加图表元素"按钮,在下拉菜单中选择"误差线"中的"其他误差线选项"。

3. 在"设置误差线格式"窗口的"垂直误差线"面板中,设定"末端样式"为"无线端"。

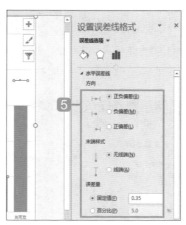

4. 在"格式"工具栏中将项目对象选择为数据系列的"完成业绩"X误差线。

5. 在"设置误差线格式"窗口的"水平误差线"面板中,设定"末端样式"为"无线端","误差量"的"固定值"设为0.35。

5 主题式图表的应用

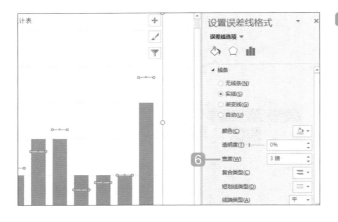

6 在"线条"面板中选择合适的颜色进行设定，宽度设定为"3磅"。

接着将代表"完成业绩"数据系列的点隐藏到误差线中。

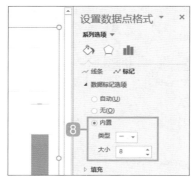

7 在"格式"工具栏中将图表元素选择为数据系列"完成业绩"。

8 在"设置数据点格式"窗口的"数据标记选项"面板中勾选"内置"选项，并设定"类型"和"大小"（不能勾选"无"，否则在图表中将无法显示图例）。

用数据标签显示"完成业绩""完成百分比"和"业绩目标"的值

前面的操作步骤已将"完成业绩"数据系列用XY散点图的误差线来呈现，接着要在误差线上用数据标签显示"完成业绩"和"完成百分比"的值。

1 在"格式"工具栏中将图表元素选择为数据系列"完成业绩"。

2 在"设计"工具栏中单击"添加图表元素"按钮，在下拉菜单中选择"数据标签"中的"其他数据标签选项"。

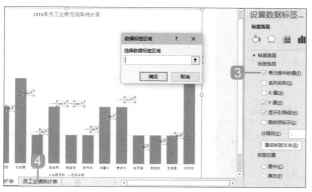

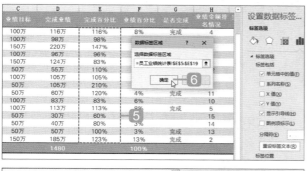

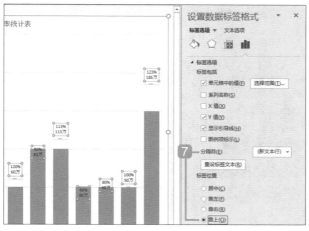

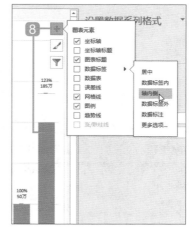

3 在"设置数据标签格式"窗口的"标签选项"面板中,"标签包括"勾选"单元格中的值"。

4 在"设置数据标签格式"窗口打开的状态下,选择"员工业绩统计表"。

5 在"员工业绩统计表"中拖曳鼠标左键选取数据的单元格范围E5:E19。

6 在"数据标签区域"对话框中单击"确定"按钮。

7 回到图表中会发现原本仅显示"完成业绩"数值的数据标签,多了"完成百分比"的值,在"设置数据标签格式"窗口的"标签选项"面板中,"分隔符"设为"(新文本行)","标签位置"设为"靠上"。

8 最后设定蓝色的"业绩目标"数据系列也显示数据标签,选取"业绩目标"数据系列,单击图表元素按钮 ,在列表中勾选"数据标签"选项,并在右侧的清单中选择"轴内侧"。

去除会干扰的图表元素，强调重点

图表的基本组成元素有坐标轴、图例、网格线等，常用于辅助浏览图表，但有时适当的隐藏或简化图表元素，可以强调出图表内主要的数据和数据系列，让数据通过图表视觉化呈现得更加清楚。

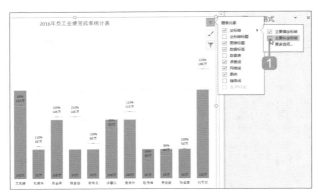

1 选中图表，单击图表元素按钮 ⊞，在列表中单击"坐标轴"右侧的清单按钮 ▶，分别取消勾选"主要横坐标轴"和"主要纵坐标轴"选项。

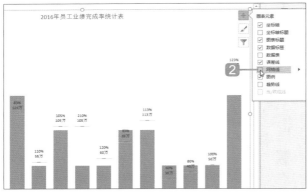

2 在列表中取消勾选"网格线"选项。

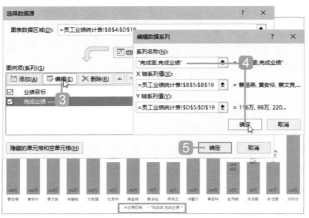

3 修改图例说明会使浏览图表时获取信息更加明确。在"设计"工具栏中单击"选择数据"按钮，在"选择数据源"对话框中选中"完成业绩"项目后单击"编辑"按钮。

4 在"编辑数据系列"对话框的"系列名称"输入框中输入""完成率,完成业绩""后，单击"确定"按钮。

5 再单击"确定"按钮完成调整。

77 员工薪资费用分析表

折线图　堆积柱形图

案例分析

企业人力资源管理包括了员工的招募和选拔、培训和开发、绩效管理、薪酬管理、员工流动管理、员工安全和健康管理等，就财务方面来说，薪资的控管是很重要的一环，从各个部门薪资明细汇总的数据可以整理出各个部门薪资费用和总额的比较。

在这个"员工薪资表"的案例中，包括员工编号、姓名、部门、底薪、全勤奖金、绩效奖金等列，在这里会先通过数据透视并引用这些数据资料，制作出一份营运费用支出的最佳分析图表。

行标签	求和项:底薪	求和项:全勤奖金	求和项:绩效奖金	求和项:薪资总和
财务部	165000	6000	6000	177000
行政部	224047	9000	12500	245547
信息部	331000	18000	13500	362500
研发部	483000	27000	32000	542000
业务部	286047	15000	20500	321547
总计	1489094	75000	84500	1648594

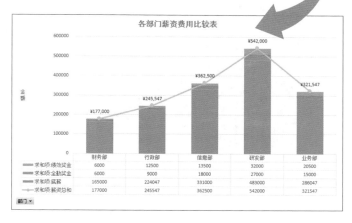

⊙ 操作说明

用数据透视图整理繁琐的数据

面对笔数众多、数据繁琐的明细内容，数据透视表或数据透视图是一项很好的工具，不但可以有效地分类整理出视觉化的图表，如果过程中需要重新调整各个数据间的关系，也可以通过数据透视的栏位清单轻松改变。

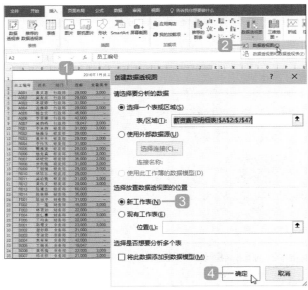

1. 选取制作数据透视图的数据内容的单元格范围A2:J47。

2. 在"插入"工具栏中单击"数据透视图"按钮，在下拉菜单中选择"数据透视图"选项，打开"创建数据透视图"对话框。

3. 选择要放置数据透视图的位置，在"选择放置数据透视图的位置"下勾选"新工作表"。

4. 单击"确定"按钮。

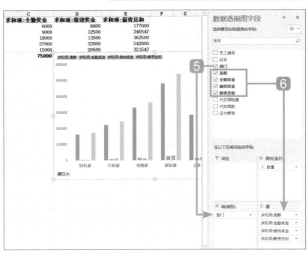

5. 将"部门"一列拖曳到"轴（类别）"区域中。

6. 将底薪、全勤奖金、绩效奖金、薪资总和各项一一拖曳到"值"区域中，并如左图所示排列其前后顺序（数据透视的详细操作说明可以参考Part 6）。

隐藏数据透视图中的数据

虽然是指定生成的数据透视图，但相关的报表还是会自动生成在工作表上方。为了突显图表的内容，可以在此报表中将数据先隐藏起来。

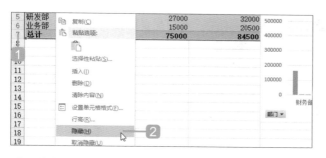

1 将鼠标指针移到左侧序号为1的列上（鼠标指针呈黑色箭头状），拖曳鼠标到列7，选中整个报表。

2 在选中的区域上单击一下鼠标右键，在快捷菜单中单击"隐藏"选项。

变更为组合式的图表

预设的数据透视图表会根据数据内容生成柱形图，在此要将这份图表设计为折线图+堆积柱形图的组合式图表。

> Step 1　变更图表类型

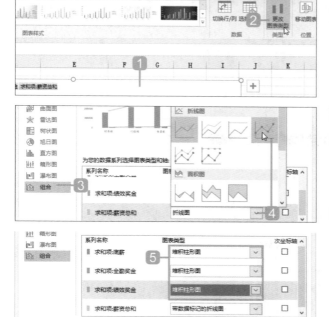

1 选取图表。

2 在"设计"工具栏的"类型"功能区中单击"更改图表类型"按钮。

3 单击"组合"选项。

4 将"求和项:薪资总和"项目的图表类型选择为"带数据标记的折线图"。

5 将"求和项:底薪""求和项:全勤奖金""求和项:绩效奖金"三个项目的图表类型选择为"堆积柱形图"（所有项目的"次坐标轴"均不勾选）。

6 单击"确定"按钮。

Step 2 给组合式图表套用合适的图表布局

组合式图表是由两种以上的图表组合而成，搭配合适的图表布局才能让组合式图表发挥其最大的效果。

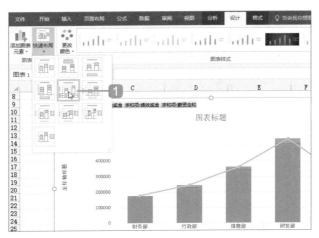

1 在"设计"工具栏中单击"快速布局"按钮，在下拉菜单中选择合适的布局（此案例中为布局5），这样下方就会有各个数据系列详细的数据值。

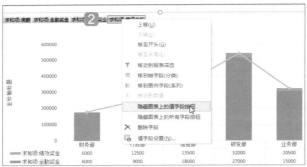

2 隐藏图表上方的"值字段"按钮，在图表上方的"值字段"按钮上单击一下鼠标右键，在弹出的快捷菜单中选择"隐藏图表上的值字段按钮"选项。

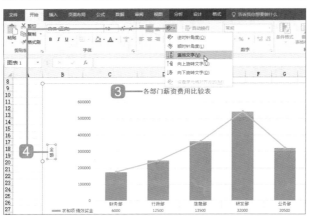

3 选中图表的标题，输入"各部门薪资费用比较表"。

4 选中图表的垂直坐标轴，输入"金额"，并套用"竖排文字"方向格式。

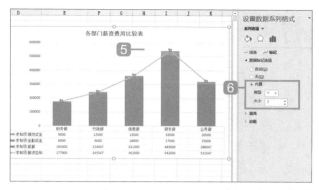

5 在"求和项:薪资总和"折线图的数据系列上双击鼠标左键。

6 在"设置数据系列格式"窗口的"数据标记选项"面板中,勾选"内置"选项,并设定"类型"和"大小"。

7 同样地,在选取"求和项:薪资总和"折线图数据系列的情况下,在"设计"工具栏中单击"添加图表元素"按钮,在下拉菜单中选择"数据标签"选项,右侧清单中选择位置为"上方"。

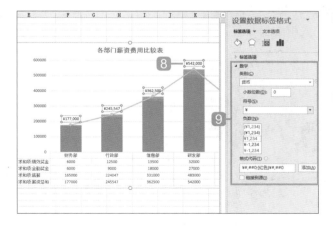

8 调整数据标签的数值格式:在"求和项:薪资总和"折线图数据系列的数据标签上双击鼠标左键。

9 在"设置数据标签格式"窗口的"数字"面板中,设定"类别"为"货币","小数位数"为0,"符号"为¥。

78

商品销售分析表

三维气泡图

案例分析

新品上市总是花费大笔的预算在广告营销上，然而广告并非商品销售唯一要做的事，成功的商品营销必须具有商品力、市场力、传播力。对商品和市场而言，好的商品才能在市场上冲锋陷阵、争取胜利。对商品和传播而言，好的商品加上好的广告，才能无往不利、马到成功。大多数的公司会采取生产多样产品的方式来分散商品风险，然而过多的产品项目反而会造成公司的负担，这时可以通过BCG矩阵分析各商品市场占有率和市场增长率，给公司商品的决策提供参考。

在这个"商品销售分析"案例中，一共有5件商品要进行评估，通过BCG矩阵可以更直观地看出产品是否值得继续投资。

产品分析表				2015年营业额（单位　百万元）	
商品型号	上一年营业额	今年营业额	市场规模	市场占有率	市场增长率
A	900	1,056	5,600	18.86%	17.33%
B	1,050	1,870	11,320	16.52%	78.10%
C	1,580	1,800	6,900	26.09%	13.92%
D	3,400	5,780	14,710	39.29%	70.00%
E	1,961	3,200	4,980	64.26%	63.18%
合计	8,891	13,706	43,510		

商品组合分析

认识BCG矩阵和产品布局思考

商品不是多就好，如何判断出最佳的产品组合？如何让公司将研发和销售资源作最佳分配，以生产最大利润？BCG矩阵（BCG Growth-Share Matrix，BCG增长-占有率矩阵）是在1970年由Boston Consulting Group提出，主要目的是协助企业评估和分析现有的产品线，作为商品营销策略的基础。

BCG矩阵的横坐标轴为"市场占有率"，纵坐标轴为"市场增长率"，根据这两个因素以横坐标轴和纵坐标轴的方式分成四个象限，而这四个象限分别代表四种不同类型的产品：问题（Question Marks）、明星（Stars）、金牛（Cash Cows）和狗（Dogs）。公司可以根据产品实际坐落在哪个象限进行分析，作为营销策略和资源分配上的依据。

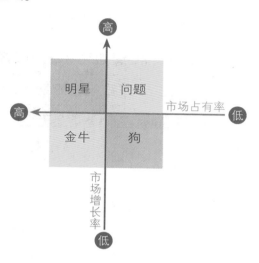

商品的发展过程，一般而言都会依次经历："问题""明星""金牛""狗"这四个阶段。根据商品所在的象限可以采取不同的策略和投资考量。

象限	情况	策略	获利性	投资金额
明星	增长率高 占有率高	资金上可以自给自足，又可以为公司创造价值，具有成为金牛产品的明日之星 建议投入现金扩大市场占有率，并保持明星级产品的竞争优势	高	多
金牛	增长率低 占有率高	会产生现金流量（即可以挤出牛奶）的产品，建议持续生产并可以创造现金以投入其他事业	高	少
问题	增长率高 占有率低	发展空间大，但需要扩大市场占有率，将问题产品提高竞争优势，使其成为明星级产品	低或负值	非常多
		或者抽资直接放弃	低或负值	不投资
狗	增长率低 占有率低	获利低，但相对的资金投入量也低，建议逐渐放弃或卖出狗级产品	低或负值	不投资

通过函数算出"市场占有率"和"市场成长率"

在"商品销售分析"的案例中，工作表内已经输入了五项商品的相关数据，其中"市场占有率"和"市场增长率"则是通过函数进行运算。

- 市场占有率 ＝ 产品销量 ÷ 同类型产品的总销量
- 市场增长率 ＝ （本期市场销售额 − 前期市场销售额）÷ 前期市场销售额

1 商品A"市场占有率"的值：在单元格E3中输入函数的运算公式=C3/D3。

2 按住单元格E3右下角的"填充控点"往下拖曳，到最后一项商品的单元格E7再放开鼠标左键，可以快速求得其他商品"市场占有率"的值。

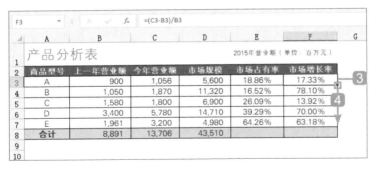

3 商品A"市场增长率"的值：在单元格F3中输入函数的运算公式=(C3−B3)/B3。

4 按住单元格F3右下角的"填充控点"往下拖曳，到最后一项商品的单元格F7再放开鼠标左键，可以快速求得其他商品"市场增长率"的值。

用"气泡图"分析多项商品的营销策略

气泡图是分散图变化的形式，在气泡图中数据系列会用气泡取代，数据的数量是由气泡大小来显示。气泡图常用于企业管理的多角度营销策略的决策中，可以快速产生BCG矩阵图表。

Step 1 建立气泡图

1. 选取单元格A2:F8。

2. 在"插入"工具栏中单击"三维气泡图"。

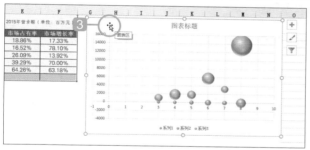

3. 刚建立好的图表会重叠在数据表上方，将鼠标指针移至图表上方呈 状时进行拖曳，将图表移至工作表右侧合适的位置摆放（拖曳图表四个角的控点可以调整图表大小）。

Step 2 取得正确的数据

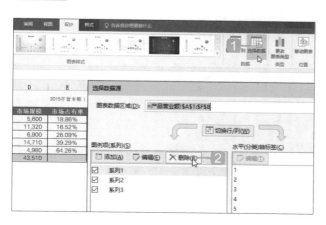

1. 目前的图表内容不是需要的数据，可以在"设计"工具栏中单击"选择数据"按钮。

2. 在"选择数据源"对话框中单击"图例项（系列）"内的"删除"按钮三次，删除目前清单中的数据系列。

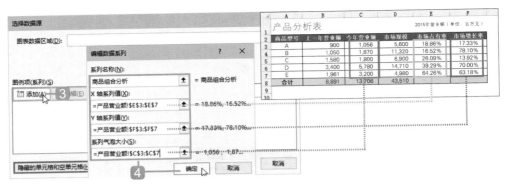

A	B	C	D	E	F
产品分析表				2015年营业额（单位：百万元）	
商品型号	上一年营业额	今年营业额	市场规模	市场占有率	市场增长率
A	900	1,056	5,600	18.86%	17.33%
B	1,050	1,870	11,320	16.52%	78.10%
C	1,580	1,800	6,900	26.09%	13.92%
D	3,400	5,780	14,710	39.29%	70.00%
E	1,961	3,200	4,980	64.26%	63.18%
合计	8,891	13,706	43,510		

3 接着单击"添加"按钮，添加新的数据。

4 在BCG矩阵中，X轴的值须为"市场占有率"，Y轴的值须为"市场增长率"，而"本期营业额"则为用来表现气泡的大小。因此在"系列名称"中输入"商品组合分析"，数列X值中选取"产品营业额"工作表的单元格范围E3:E7，数列Y值中选取"产品营业额"工作表的单元格范围F3:F7，在"系列气泡大小"中选取"产品营业额"工作表的单元格范围C3:C7，设定好后单击"确定"按钮。

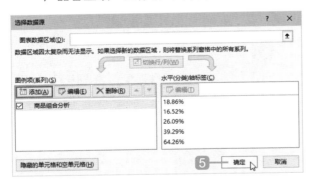

5 单击"确定"按钮。

Step 3 调整图表元素

初步完成正确的数据来源指定之后，还需要稍加调整这个图表的设计，以更符合BCG矩阵的特性，在此先取消"网格线"和"图例"这两个图表元素。

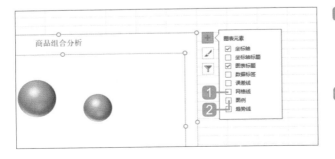

1 选取图表后，在"布局"工具栏中单击"网格线"按钮，在下拉菜单中选择"无"。

2 选取图表后，在"布局"工具栏中单击"图例"按钮，在下拉菜单中选择"无"。

使水平和垂直坐标轴交叉位置产生四个象限

BCG矩阵的特性包含了由X轴、Y轴为分界线分隔出来的四个象限（此案例假设：市场占有率32%和市场增长率41%为分界线），X轴的值由右到左越来越大，而Y轴的值由下到上越来越大，现在就根据这些特性进行坐标轴的调整。

Step 1 调整水平和垂直坐标轴的范围和位置

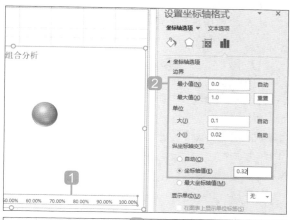

1 单击选中水平坐标轴，在"格式"工具栏中单击"设置所选内容格式"按钮，打开"设置坐标轴格式"窗口。

2 在"坐标轴选项"面板中，设定"最小值"为0，"最大值"为1，"坐标轴值"为0.32。

3 勾选"逆序刻度值"。

4 在"数字"面板中，设定"小数位数"为0。

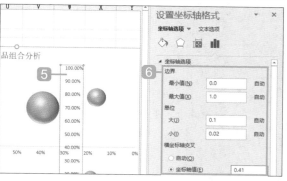

5 单击选中垂直坐标轴，在"格式"工具栏中单击"设置所选内容格式"按钮，打开"设置坐标轴格式"窗口。

6 在"坐标轴选项"面板中，设定"最小值"为0，"最大值"为1，"坐标轴值"为0.41。

7 在"数字"面板中，设定"小数位数"为0。

前面已经将X轴和Y轴设计为交叉方式呈现，接着通过颜色和线条加强X轴和Y轴分界线的视觉效果。

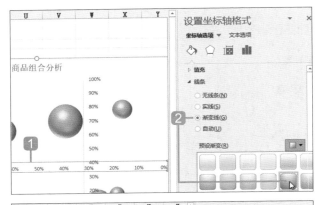

1 单击选中水平坐标轴，在"格式"工具栏中单击"设置所选内容格式"按钮，打开"设置坐标轴格式"窗口。

2 在"线条"面板中，勾选"渐变线"选项，设定"预设渐变"为"顶部聚光灯–个性色5"。

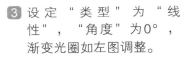

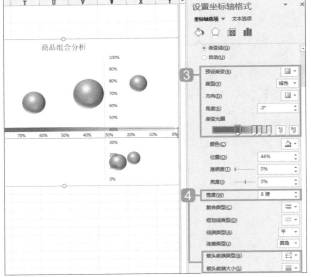

3 设定"类型"为"线性"，"角度"为0°，渐变光圈如左图调整。

4 设定"宽度"为"8磅"，"箭头前端类型"和"箭头前端大小"分别如左图所示进行设定。

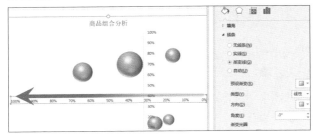

◀ 调整水平坐标轴后呈现的效果。

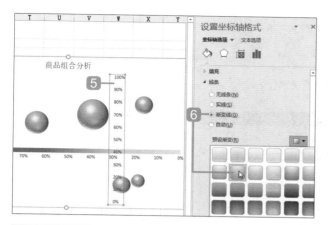

5 单击选中垂直坐标轴，在 "格式" 工具栏中单击 "设置所选内容格式" 按钮，打开 "设置坐标轴格式" 窗口。

6 在 "线条" 面板中，勾选 "渐变线" 选项，设定 "预设渐变" 为 "顶部聚光灯-个性色2"。

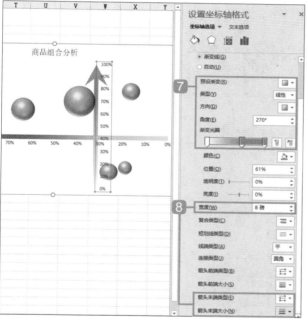

7 设定 "类型" 为 "线性"，"角度" 为270°，渐变光圈如左图调整。

8 设定 "宽度" 为 "8磅"，"箭头前端类型" 和 "箭头前端大小" 分别如左图所示进行设定。

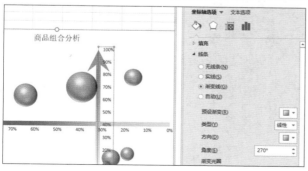

◀ 调整垂直坐标轴后呈现的效果。

调整水平和垂直坐标轴的文字格式

最后分别调整水平和垂直坐标轴上数值的样式和颜色，用来搭配水平和垂直坐标轴的颜色，即完成BCG矩阵的分界线设计。

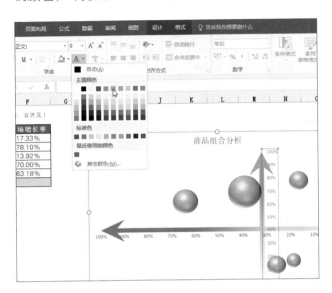

给气泡标上相应的产品名称

圆圆的气泡分散在图表上，没有图例说明的情况下实在分不出来到底是代表了哪一个产品，这时就要通过数据标签来标注。

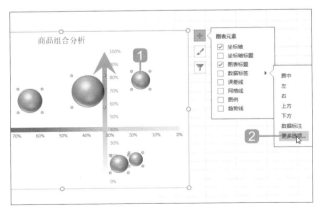

1 选取图表上的气泡（数据系列）。

2 单击图表元素按钮 ⊕，在列表中单击"数据标签"右侧的清单按钮 ▸，在清单中选择"更多选项"。

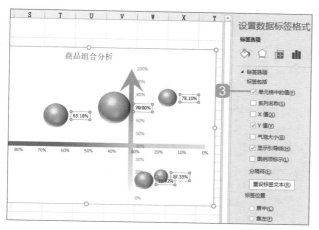

③ 在"设置数据标签格式"窗口的"标签选项"面板中勾选"单元格中的值"。

④ 在"数据标签区域"对话框打开的状态下,在"产品分析表"中拖曳选取数据标签区域为单元格A3:A7。

⑤ 回到对话框中单击"确定"按钮。

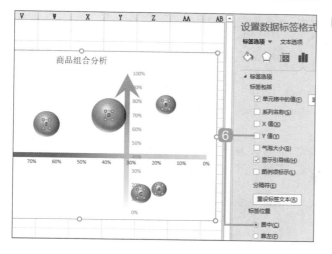

⑥ 回到图表中,在"设置数据标签格式"窗口的"标签选项"面板中取消勾选"Y值",并设定"标签位置"为"居中"。

让气泡自动分色

最后，如果觉得图表上的气泡都是同一个颜色，较不易区分出各个产品项目，可以——选中气泡再指定填充颜色，或者按照如下操作自动上色。

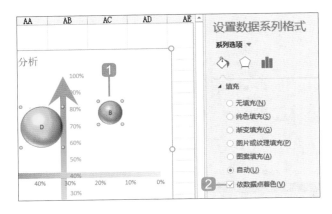

1 选中气泡（数据系列），在"格式"工具栏中单击"设置所选内容格式"按钮，打开"设置数据系列格式"窗口。

2 在"填充"面板中，勾选"依数据点着色"选项。

给分界线加上文字标注

这个图表基本上已经完成，再做一些设计可以让这份BCG矩阵更加专业。

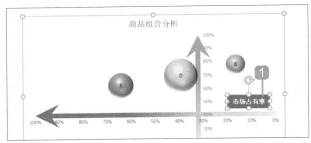

1 在"插入"工具栏中单击"文本框"按钮，在下拉菜单中选择"绘制横排文本框"，拖曳出文本框并输入文字"市场占有率"，将这个文本框放在水平坐标轴的起始处，再如左图所示设置文字格式、色彩和填充颜色。

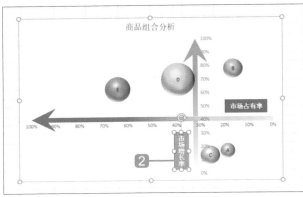

2 在"插入"工具栏中单击"文本框"按钮，在下拉菜单中选择"竖排文本框"，拖曳出文本框并输入文字"市场增长率"，将这个文本框放在垂直坐标轴的起始处，再如左图所示设置文字格式、色彩和填充颜色。

79

商品优势分析表

案例分析

新商品没有营销的惯例可以遵循，想要卖得更多更好，只能挖掘出商品本身的优势和特色，再规划各种营销策略和手段，以提升消费者的购买欲望，促进销售。

许多公司会用网络或市场调查问卷的方式来了解该商品所面对的市场，一方面可以知道潜在客户对新商品的需求，另一方面也可以借此来宣传新商品。得知商品的优点就必须加以宣传、增加业绩；略差的部分就需要改进才能抢得未来市场。这样一来，在市场调查分析后，公司可以更准确地拟定商品的销售策略，不仅效率加倍，也可以减少预算压力。

在这份"商品优势对比分析"案例中，目前在工作表中的是六项商品调查问卷的详细数据，待通过Excel中的"分类汇总"功能综合整理这些复杂的数据后，再使用蜘蛛网状的雷达图分析出各个商品的优缺点。

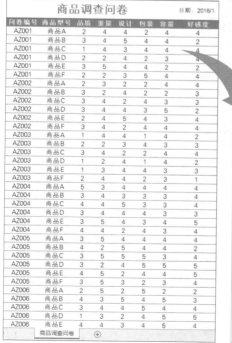

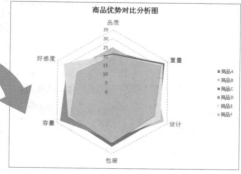

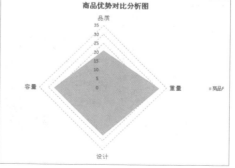

⊙ 操作说明

通过"分类汇总"功能整理多笔问卷数据

Excel的"分类汇总"功能可以在想要整理的数据范围中，快速归纳数据群组，并在上方或下方新增空白行自动生成汇总和总计数据（在执行"分类汇总"之前，一定要先为基准列进行排序，将相同数据排列在一起，运算结果才会正确）。

1. 选取单元格B3作为汇总的基准列。

2. 在单元格B3上单击一下鼠标右键，选择"排序"中的"升序"选项。

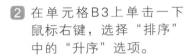

3. 在"数据"工具栏中单击"分类汇总"按钮，打开"分类汇总"对话框。

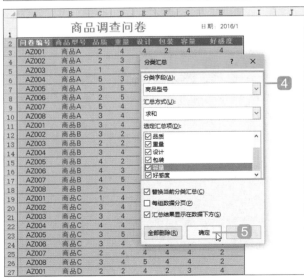

4. 设定"分类字段"为"商品型号"，"汇总方式"为"求和"，并勾选品质、重量、设计、包装、容量、好感度六个选项。

5. 单击"确定"按钮。

┌─ TIPS ─

分类汇总的"汇总方式"

"汇总方式"下拉列表中，有不同的计算方式，如求和、计数、平均值、最大值、最小值、乘积等可以使用。

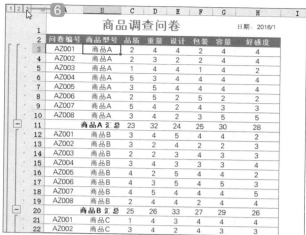

6 "分类汇总"设定好后，在左侧出现一个大纲模式，当单击③按钮时，会显示分类统计好的全部数据。

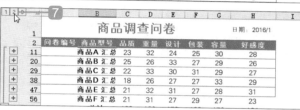

7 单击②按钮时仅显示按照"商品型号"分类的汇总结果和总计数据。

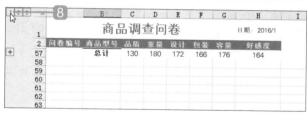

8 单击①按钮时仅显示总计数据。

⑤ 主题式图表的应用

TIPS

取消"分类汇总"功能

在"数据"工具栏中单击"分类汇总"按钮打开对话框，单击"全部删除"按钮即可取消当前工作表中套用的"分类汇总"功能。

用雷达图分析各个商品的优缺点

雷达图可以比较多个项目的总值，因其外形独特，也被称为蜘蛛图或星状图。沿着图表中心开始、在外环结束的不同坐标轴来绘制每个类别的值。

Step 1 建立雷达图

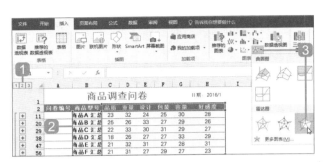

1 单击②按钮，仅显示按照"商品型号"分类的汇总结果和总计数据。

2 选取单元格B2:H56。

3 在"插入"工具栏中单击"雷达图"按钮，在下拉菜单中选择"填充雷达图"。

4 刚建立好的图表会重叠在数据表上方，将鼠标指针移至图表上方呈状时进行拖曳，将图表移至工作表右侧合适的位置摆放（拖曳图表四个角的控点可以调整图表的大小）。

也可以微调各个图表元素的大小和位置。

Step 2 取得正确的数据

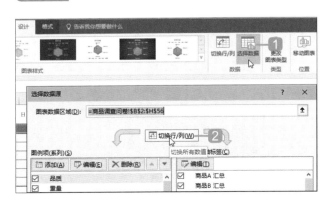

1 目前的图表内容不是需要的数据，可以在"设计"工具栏中单击"选择数据"按钮。

2 在"选择数据源"对话框中单击"切换行/列"按钮，将行和列的数据互换。

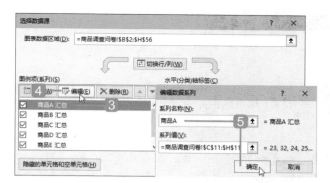

3 选择"图例项（系列）"
中的"商品A 汇总"。

4 单击"编辑"按钮。

5 在"编辑数据系列"对话
框中的"系列名称"输入
框中输入"商品A"，系
列值维持不变，单击"确
定"按钮完成操作。

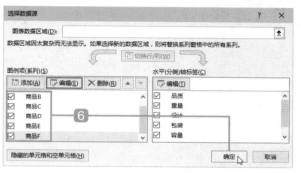

6 用相同的方法编辑商品B、
商品C、商品D、商品E、
商品F的系列名称，完成编
辑后单击"确定"按钮。

Step 3 调整雷达图网格线和数据系列色块的呈现

调整好图表的来源后，可以看到这个商品优势对比分析图已经渐渐成形了，外围的
类别标签显示为"品质""重量""设计""包装""容量""好感度"这六个比
较项目，而内围的色块则代表了"商品A""商品B""商品C""商品D""商品
E""商品F"。然而在视觉上还需要微调，让雷达图更容易辨识各个商品项目，接
下来动手调整文字的格式和数据系列的颜色。

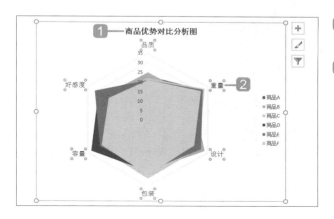

1 输入图表标题"商品优势对
比分析图"并设定格式。

2 选取类别标签，修改字体
和字号。

3 在"格式"工具栏的图表元素清单中选择"雷达轴（值）轴主要网格线"。

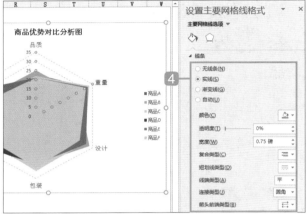

4 选中网格线，在"格式"工具栏中单击"设置所选内容格式"按钮，打开"设置主要网格线格式"窗口。在"线条"面板中勾选"实线"选项，并改变网格线的颜色或其他相关属性，套用合适的网格线格式。

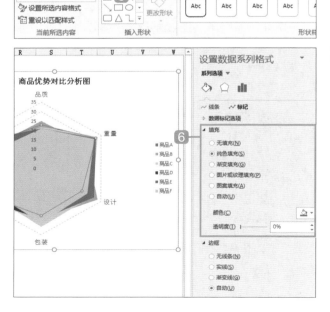

5 在"格式"工具栏的图表元素清单中选择"系列'商品A'"。

6 在"设置数据系列格式"窗口的"填充"面板中勾选"纯色填充"选项，并给商品A设定合适的颜色、透明度或其他相关属性。

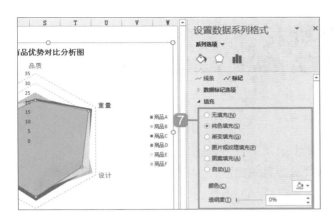

7 根据相同的方式改变其他商品的数据系列格式，套用合适的颜色。

分析特定商品的优势

完成制作的雷达图或许由于要比较的产品太多，层层叠在一起而无法清楚了解每个商品的优势和缺点，这时可以通过图表的筛选功能，分析特定商品。

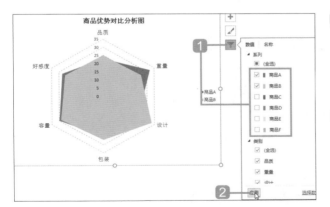

1 选取图表，单击图表筛选器按钮▼，在"数值"面板中勾选需要分析的特定商品（多选或单选均可），取消勾选其他的商品。

2 单击"应用"按钮，就可以针对指定的商品进行分析和比较。

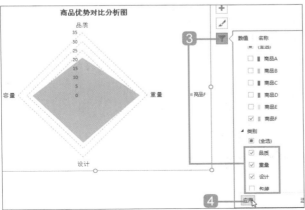

3 也可以单击图表筛选器按钮▼，在"数值"面板中勾选需要分析的特定类别（多选或单选均可），取消勾选其他的项目。

4 单击"应用"按钮，就可以针对指定的类别进行分析和比较。

80 商品市场分析表

簧状柱形图　对称条形图　圆环图　百分比堆积条形图

▶ 案例分析

"市场分析"是根据市场调查资料（收集消费者购买和使用商品的意见、动机、实际情况等有关信息），进而系统地记录、整理和分析，以了解商品的潜在销售量，并有效安排商品之间的合理分配。

在这个"商品市场分析"案例中，要分析该公司的八大类图书销售市场，以常见的影响市场的三大元素"类型""性别"和"年龄"进行调查。

市场定位分析——销量占比：通过柱形图可以看出近三年来图书销售市场起伏不大甚至有减少的状况，而有增长的类别是"艺术设计""语言电脑""生活风格""亲子共享"类的图书，其中由大环境而带动的购书动机想必也是一项很大的影响因素（食谱、养生、健身等），然而所有类别中，"文学小说"类虽然没有增长但仍是最热门的图书类别。通过近年销量起伏的图表取得的信息，企业可以列出影响产品市场和顾客购买行为的各项变量，并预估潜在的顾客需求以制定相应的策略开拓新的市场。

市场定位分析——销量占比

	商业理财	文学小说	艺术设计	人文科普	语言电脑	心灵养生	生活风格	亲子共享
2013年	11.93%	30.00%	4.16%	8.94%	7.84%	11.43%	18.97%	6.73%
2014年	10.47%	29.11%	4.43%	8.59%	8.59%	10.77%	20.99%	7.04%
2015年	10.49%	26.50%	4.51%	7.81%	9.29%		22.34%	8.40%

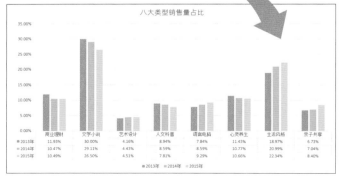

市场定位分析——男女购买人数占比：通过对称条形图和圆环图可以快速看出"性别"元素对各类图书销售量的影响，可以看出哪些图书类别比较受男性或女性青睐，在进行产品营销时就可以参考其中的信息以较有利的方式进行产品包装。

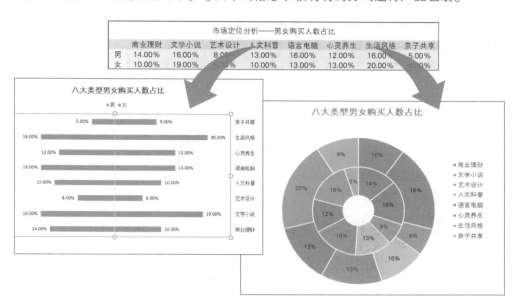

市场定位分析——男女购买人数占比							
	商业理财	文学小说	艺术设计	人文科普	语言电脑	心灵养生	生活风格	亲子共享
男	14.00%	16.00%	8.00%	13.00%	16.00%	12.00%	16.00%	5.00%
女	10.00%	19.00%	6.00%	10.00%	13.00%	13.00%	20.00%	9.00%

市场定位分析——不同年龄层购买人数占比：通过百分比堆积条形图可以看出各个年龄段不同图书类别的占比，22岁以下的学生族群偏好文学小说类的图书，23～29岁初入社会的上班族群偏好电脑或语言类的工具图书，而40岁以上的族群则是偏好心灵养生和生活风格类的图书。通过图表取得的信息可以让企业进行市场划分，针对不同的市场制定出最有利的开发和销售决策。

市场定位分析——不同年龄层购买人数占比							
	商业理财	文学小说	艺术设计	人文科普	语言电脑	心灵养生	生活风格	亲子共享
15岁以下	3.70%	36.90%	3.90%					
16~18	5.60%	32.00%	5.40%					
19~22	9.90%	21.90%	6.80%					
23~29	12.50%	17.30%	7.40%					
30~39	12.60%	13.90%	7.10%					
40~49	11.90%	15.00%	6.70%					
50岁以上	13.00%	14.00%	7.30%					

八大类型不同年龄层购买人数占比

操作说明

用柱形图分析市场定位销量占比

柱形图是最常用的图表类别，常被用来表现项目的对比关系，进行比较的项目建议小于或等于四个为佳，太多的项目反而会让人感到眼花缭乱。在"商品市场分析"的案例中，将2013年、2014年、2015年这三个年度八个类别的图书销量通过柱形图整体呈现，可以看出这三年来各个图书类别的增长起伏以及销售的主流类别。

柱形图的建立方式大同小异，只要掌握工作表中的数据内容，以正确的栏位进行建立即可。这个案例是以单元格A2:I5内的数据进行柱形图的建立，细部的调整和样式套用不再一一说明，可以参考前面的章节进行操作。

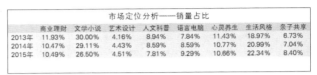

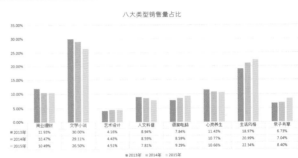

用对称条形图分析男女购买人数的相对关系

对称条形图是以条形图变化设计而成的，这份图表要强调"男""女"这两个性别元素对销售量的影响力和占比，在此选择以左右并列的对称条形图来呈现，会比传统的条形图更有对比效果。

Step 1　建立条形图

1 在存放数据的"性别"工作表中选取单元格范围A2:I4。

2 在"插入"工具栏中单击"柱形图"按钮，选择插入"簇状条形图"。

	商业理财	文学小说	艺术设计	人文科普	语言电脑	心灵养生	生活风格	亲子共享
男	14.00%	16.00%	8.00%	13.00%	16.00%	12.00%	16.00%	5.00%
女	10.00%	19.00%	6.00%	10.00%	13.00%	13.00%	20.00%	9.00%

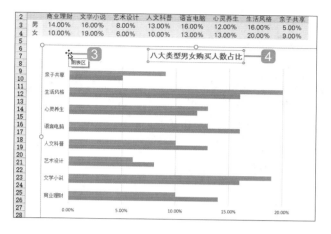

③ 刚建立好的图表会重叠在数据表上方,将鼠标指针移至图表上方呈箭头状时拖曳,将图表移至工作表右侧合适的位置摆放(拖曳图表四个角的控点可以调整图表大小)。

④ 调整图表的标题文字。

Step 2 调整水平坐标轴的范围并建立次坐标轴

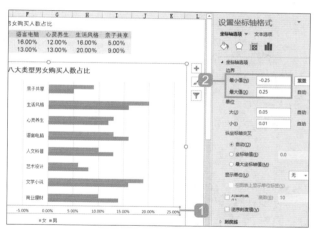

① 选中图表的水平坐标轴,在"格式"工具栏中单击"设置所选内容格式"按钮,打开"设置坐标轴格式"窗口。

② 在"坐标轴选项"面板中,"边界"的"最小值"设为–0.25,"最大值"设为0.25(因为目前图表中的占比最大值为20%,所以在此以0.25作为最大和最小的标准值)。

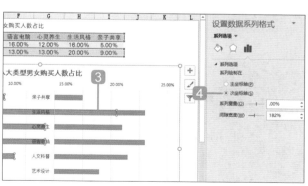

③ 选取"女"的数据系列。

④ 在"设置数据系列格式"窗口的"系列选项"面板中勾选"次坐标轴"选项。

5 选取水平次坐标轴。

6 在"设置坐标轴格式"窗口的"坐标轴选项"面板中，同样地设置"边界"的最小值和最大值。

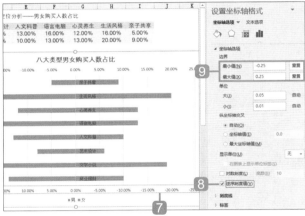

7 再次选取水平主坐标轴。

8 在"设置坐标轴格式"窗口的"坐标轴选项"面板中，勾选"逆序刻度值"选项，让蓝色的数据系列呈现反转的效果。

9 再次确认"边界"的值，最小值为–0.25，最大值为0.25（有时套用"逆序刻度值"设定后，数值会改变）。

Step 3 调整垂直坐标轴的位置

目前图表中的垂直坐标轴代表了图书的类别，位于图表中间并和橙色的数据系列重叠，请将垂直坐标轴移至图表的最右侧。

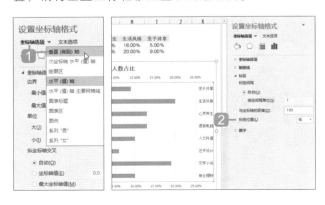

1 在"设置坐标轴格式"窗口的"坐标轴选项"下选择"垂直（类别）轴"选项。

2 在"设置坐标轴格式"窗口的"标签"面板中，设置"标签位置"为"低"。

Step 4 加上数据标签并去除不需要的图表元素

最后要为数据系列加上"数据标签",并取消网格线和坐标轴的显示,可以强调这份条形图中男、女购买人数的对比关系。

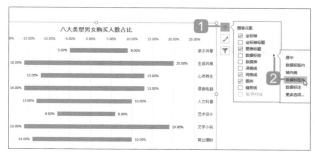

1. 选取图表。

2. 单击图表元素按钮 ⊞,在列表中单击"数据标签"右侧的清单按钮 ▸,在清单中选择"数据标签外"选项。

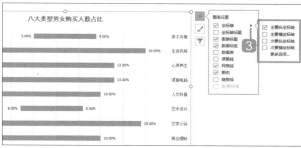

3. 在列表中单击"坐标轴"右侧的清单按钮 ▸,取消勾选"主要纵坐标轴"选项。

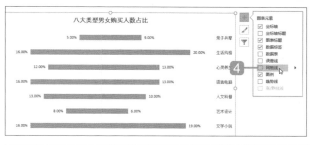

4. 在列表中取消勾选"网格线"选项。

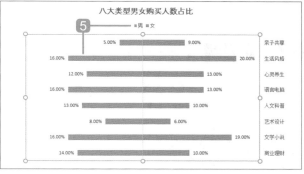

5. 最后稍加调整"图例"和图表主体的大小和位置,即完成这个对称条形图。

⑤ 主题式图表的应用

用圆环图分析男女购买人数的相对关系

圆环图和饼图的形状相似，但圆环图可以直接比较两组不同数据间的差异，并且中间的空白处也可以加注说明信息或公司logo等设计。

Step 1 建立圆环图

1 在"性别"工作表中，选取单元格范围A2:I4。

2 在"插入"工具栏中单击"圆环图"按钮，选择插入"圆环图"。

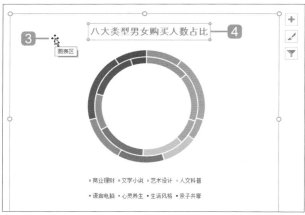

3 刚建立好的图表会重叠在数据表上方，将鼠标指针移至图表上方呈状时进行拖曳，将图表移至工作表右侧合适的位置进行摆放（拖曳图表四个角的控点可以调整图表大小）。

4 调整图表的标题文字。

Step 2 快速套用合适的布局并调整文字格式

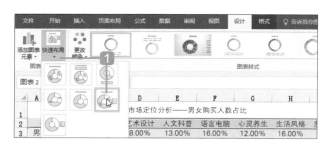

1 选取图表，在"设计"工具栏中单击"快速布局"按钮，在清单中选择合适的布局进行套用。

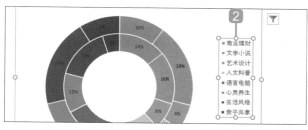

2 选取图例，在"格式"工具栏中选择套用合适的文字格式。

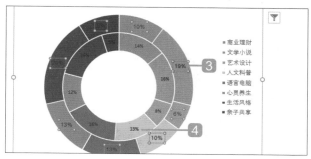

3 选取外圈的"数据标签"，在"开始"工具栏的"字体"功能区中，套用合适的文字格式。

4 选取内圈的"数据标签"，在"开始"工具栏的"字体"功能区中，套用合适的文字格式。

Step 3 调整图表的大小和位置

在这个案例中，因为图表左侧还要摆放一个说明的图示，所以要将图表（绘图区）缩小一些并往右摆放。

1 选取图表，在"格式"工具栏中选择图表元素清单中的"绘图区"。

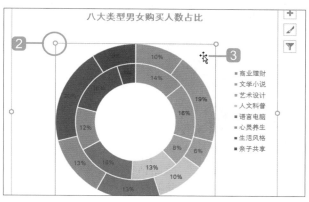

2 将鼠标指针移至图表四个角的任一控点上方呈状时进行拖曳，调整图表的大小。

3 将鼠标指针移至图表上方呈状时进行拖曳，将图表的绘图区稍微往右移至合适的位置摆放。

Step 4 调整圆环图的内径大小

增加或减少圆环图的内径大小时，会相对减少或增加扇区的宽度。预设的内径较大，因而使得每个扇区显得较单薄，并且标注在上方的"数据标签"也会看不清楚，这时只要将内径的值调小一些就可以加宽圆环图的扇区。

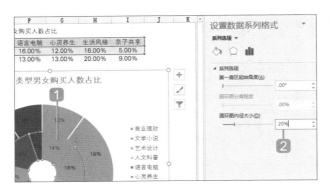

1️⃣ 选中图表中的圆环，在"格式"工具栏中单击"设置所选内容格式"按钮，打开"设置数据系列格式"窗口。

2️⃣ 在"系列选项"面板中，设定"圆环图内径大小"为20%，这时即可看出圆环图的两个圆环都加宽了。

Step 5 调整圆环图的扇区颜色

圆环图的主图已经完成了，最后微调各扇区的颜色，让标注在各个扇区上的数据标签可以更清楚地呈现。

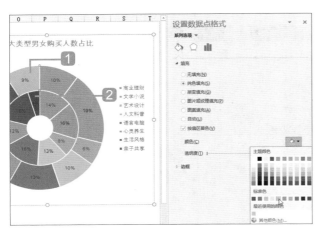

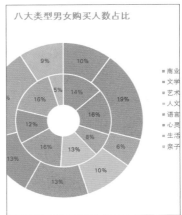

1️⃣ 在图表中先选取外圈，接着选中需要调整颜色的扇区，在"格式"工具栏中单击"设置所选内容格式"按钮，打开"设置数据点格式"窗口，在"填充"面板中指定合适的颜色进行填充。

2️⃣ 由于在代表同一类别的内圈中的扇区无法自动套用新颜色，所以需要再次选取内圈中的这个扇区套用相同的颜色，其他扇区的颜色也用相同的方式调整。

Step 6 绘制"对话气泡"说明图表内外圈的内容

最后要为圆环图加上一个"对话气泡"说明图表内外圈的内容，不然仅就目前的图表无法分辨出内圈是代表"男性"还是"女性"的数据系列。

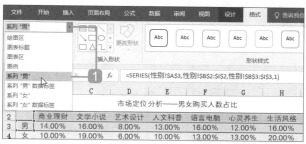

1. 选取图表，在"格式"工具栏中的图表元素清单中选择"系列"男""，这时会看到图表中的内圈被选取，这样即确认了内圈代表的性别为"男性"。

2. 在"格式"工具栏中单击"插入形状"功能区中的"其他"按钮，在下拉列表中选择"对话气泡：圆角矩形"。

3. 在图表左下角如左图所示绘制出一个对话气泡。

4. 在"格式"工具栏中单击"形状样式"功能区中的"其他"按钮，在下拉列表中选择合适的样式进行套用。

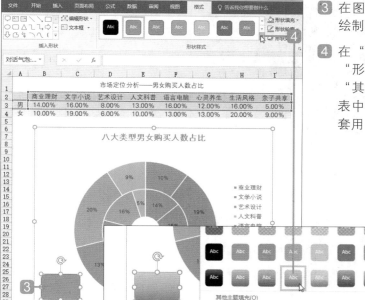

⑤ 主题式图表的应用

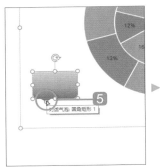 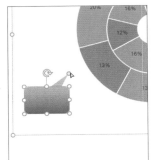

5 调整对话气泡的指引尖端：选取对话气泡，将鼠标指针移至黄色的控点上，拖曳指引尖端到合适的位置再放开鼠标左键。

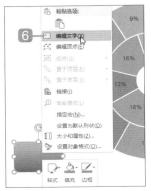 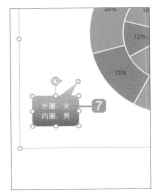

6 输入文字：在对话气泡上单击一下鼠标右键，选择"编辑文字"选项。

7 如左图所示输入文字内容，再根据文字内容调整这个对话气泡的大小。

◀ 最后完成整个圆环图的制作。

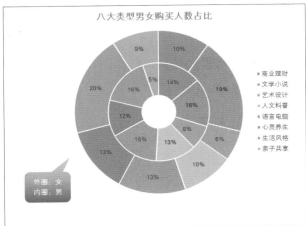

用百分比堆积条形图分析各个年龄层的购买人数占比

传统的柱形图或条形图无法呈现出"部分占整体比例"的视觉效果,当数据加总为100%时,可以使用百分比堆积条形图来比较各部分数量占整体的变化趋势。

Step 1 建立百分比堆积条形图

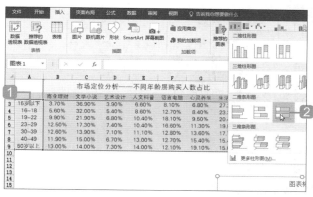

1 在存放数据内容的"年龄层"工作表中,选取单元格范围A2:I9。

2 在"插入"工具栏中单击"柱形图"按钮,选择插入"百分比堆积条形图"。

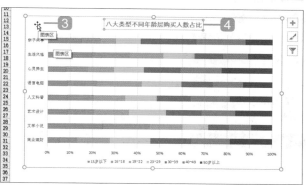

3 刚建立好的图表会重叠在数据表上方,将鼠标指针移至图表上方呈 状时进行拖曳,将图表移至工作表右侧合适的位置进行摆放(拖曳图表四个角的控点可以调整图表大小)。

4 调整图表的标题文字。

⑤ 主题式图表的应用

Step 2 切换行/列的值

在这份图表中要强调的是各个年龄层购买人数的占比,因此要让图表左侧的垂直坐标轴呈现各个年龄层的值,一个横条代表一个年龄层,而各个不同颜色的数据系列则是代表八大图书类别各自的占比。

选取图表,在"设计"工具栏中单击"切换行/列"按钮。

Step 3 套用快速布局并调整文字格式

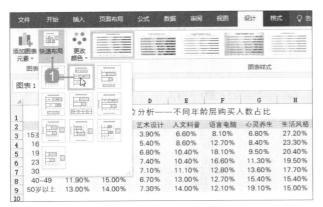

1 选取图表，在"设计"工具栏中单击"快速布局"按钮，选择"布局2"（这个布局一套用即自动加上数据标签，并隐藏水平坐标轴和网格线，图例则移至上方摆放）。

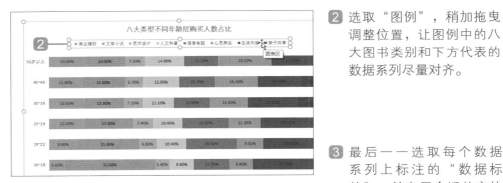

2 选取"图例"，稍加拖曳调整位置，让图例中的八大图书类别和下方代表的数据系列尽量对齐。

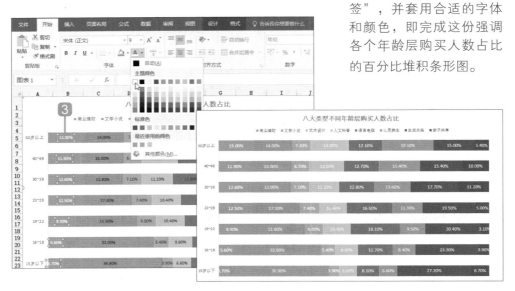

3 最后——选取每个数据系列上标注的"数据标签"，并套用合适的字体和颜色，即完成这份强调各个年龄层购买人数占比的百分比堆积条形图。

Part

6

互动式图表的应用

工作表中的数据内容经过不同的筛选分析方式即可产生不同的信息和图表，互动式图表将会运用函数、透视分析、表单控制项、巨集与VBA，让图表动起来！

用"函数"建立根据日期变动的图表

● 案例分析

Excel中有许多数据表的主题是和日期息息相关的，如员工年资、工作天数、产品订购付款日等，如果制作出来的图表可以根据即时的日期而自动变化，那整份图表的实用性就更强大了！

在这个"工程管理表"案例中有多项工程内容，而每一项工程有预计的完工日期和工程天数，当越来越接近完工日期时，剩余的工程天数也会越来越少，通过图表的整理分析可以快速检查、监控每项工程的进度。如下图所示是针对两个时间段检查工程的进度，分别是2015/3/15和2015/4/8的状况，黄色的数据系列代表剩余天数。当黄色的数据系列缩短到0时表示已经到了预计完工日期；当剩余天数为负值时，其数据系列会呈现红色，表示已经超出了预计完工日期，这样就能有效地通过图表轻松掌握各项工程的进度。

工程管理表　　　　　　　2015/3/15

工程内容	开工日期	预计完工日期	预计工程天数	剩余天数
水电	2015/3/12	2015/3/28	12	13
油漆	2015/3/22	2015/4/10	15	26
厨房	2015/3/30	2015/4/12	10	28
卫浴	2015/3/30	2015/4/5	5	21
太阳能	2015/3/18	2015/4/8	16	24

扣除星期六、星期日和法定假日

法定假日	
2015/1/1	元旦节
2015/2/28	除夕
2015/5/1	劳动节
2015/6/2	端午节
2015/9/8	中秋节
2015/10/1	国庆节

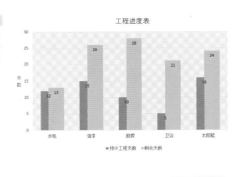

工程管理表　　　　　　　2015/4/8

工程内容	开工日期	预计完工日期	预计工程天数	剩余天数
水电	2015/3/12	2015/3/28	12	-11
油漆	2015/3/22	2015/4/10	15	2
厨房	2015/3/30	2015/4/12	10	4
卫浴	2015/3/30	2015/4/5	5	-3
太阳能	2015/3/18	2015/4/8	16	0

扣除星期六、星期日和法定假日

法定假日	
2015/1/1	元旦节
2015/2/28	除夕
2015/5/1	劳动节
2015/6/2	端午节
2015/9/8	中秋节
2015/10/1	国庆节

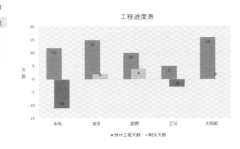

通过函数整理日期数据

进入图表制作前先来看一下"工程管理表"中的"剩余天数"和"预计工程天数"
是如何计算出来的,"剩余天数"一栏的运算公式为"=C3-TODAY()",用"预计
完工日期"减去今天的日期,就可以计算出离预计完工日期还剩几天。

TODAY函数常出现在各类报表的日期栏,主要用于显示今天的日期(即当前计算机
显示的系统日期),此函数取得的值会在每次打开文件或按 F9 键时自动更新。

SUM	▼	× ✓ fx	=C3-TODAY()			
▲	A	B	C	D	E	F
1		工程管理表			2015/3/15	
2	工程内容	开工日期	预计完工日期	预计工程天数	剩余天数	
3	水电	2015/3/12	2015/3/28	12	3-TODAY()	
4	油漆	2015/3/22	2015/4/10	15	26	
5	厨房	2015/3/30	2015/4/12	10	28	
6	卫浴	2015/3/30	2015/4/5	5	21	
7	太阳能	2015/3/18	2015/4/8	16	24	

"预计工程天数"栏内的运算公式为"=NETWORKDAYS.INTL(B3,C3,1,$A$12:$A$17)",
使用NETWORKDAYS.INTL函数传回"开工日期"和"预计完工日期"两个日期之
间实际的工作天数,并且扣除周末(星期六和星期日的代表值为1)和法定假日的所
有天数。

公式:NETWORKDAYS.INTL(开工日期,预计完工日期,周末代表值,法定假日
数据范围)

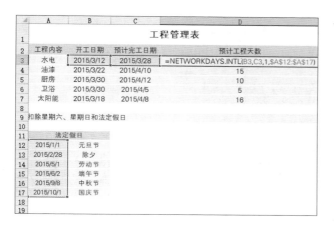

◀ $A$12:$A$17为下方整理
好的法定假日数据范围,
因为是固定的,所以需要
是绝对参照格式。

建立图表

应用整理好的数据内容着手建立图表，其中"预计工程天数"和"剩余天数"两列数据要并列比较，因此建议选择柱形图、条形图或折线图呈现，才能有效地显示两组数据间的关系（因为TODAY函数会以当天的日期进行运算，所以你在实际操作时，产生的数值会和案例的图片有些许差异）。

Step 1 建立柱形图

1 选取单元格范围A2:A7，按住 **Ctrl** 键不放再选取单元格范围D2:E7。

2 在"插入"工具栏中单击"柱形图"按钮，选择插入"簇状柱形图"，工作表中会插入指定的图表。

Step 2 调整图表样式

插入图表后，可以根据图表想要呈现的重点调整图表的位置、大小、标题文字、样式、数据系列颜色等（详细的操作可以参考 Part 3 的说明）。

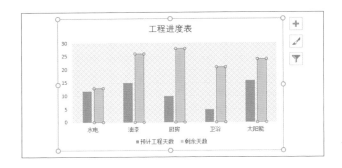

设定图表格式强调数据对比的关系

"预计工程天数"和"剩余天数"这两组数据可以通过格式上的调整，突显两组数据在图表上的对比关系。

Step 1 让两组数据系列重叠呈现并指定负值需要呈现的颜色

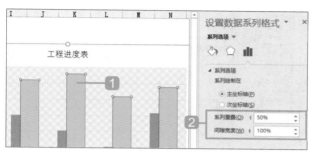

1 选中"剩余天数"的数据系列，在"格式"工具栏中单击"设置所选内容格式"按钮，打开"设置数据系列格式"窗口。

2 在"系列选项"面板中，设定"系列重叠"为50%，"间隙宽度"为100%。

3 在"填充"面板中，先勾选"以互补色代表负值"选项，再单击一下右边的颜色按钮，指定一个合适的颜色代表负值。

Step 2 为数据系列加上值的标注

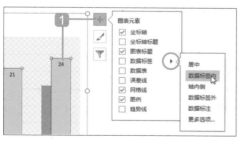
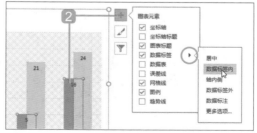

1 选取图表中的"剩余天数"数据系列，单击图表元素按钮，在列表中单击"数据标签"右侧的清单按钮，在清单中勾选"数据标签内"选项。

2 选取图表中的"预计工作天数"数据系列，单击图表元素按钮⊞，在列表中单击
  "数据标签"右侧的清单按钮▶，在清单中勾选"数据标签内"选项。

Step 3 给图表上的数据标注说明

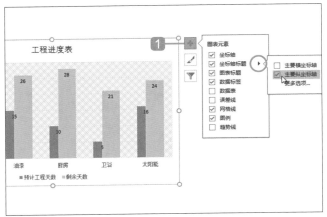
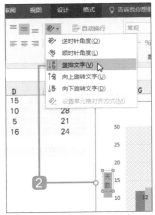

1 选取图表，单击图表元素按钮⊞，在列表中单击"坐标轴标题"右侧的清单按
  钮▶，在清单中勾选"主要纵坐标轴"选项。

2 将预设的文字改成"天数"，再在"开始"工具栏中单击"方向"按钮，选择
  "竖排文字"选项。

让坐标轴标签位于图表最下方

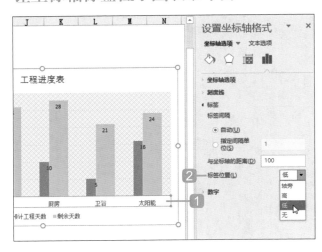

1 选中坐标轴，在"格式"工具栏中单击"设置所选内容格式"按钮，打开"设置坐标轴格式"窗口。

2 在"标签"面板中设定"标签位置"为"低"。如此一来，当数据系列的值为负值时，数据系列和数据标签的数值就不会与水平坐标轴叠在一起，以致于看不清图表的内容。

即可完成这份用日期因素建立的动态图表，只要在不同日期打开这份Excel工作表，即能有效地通过图表快速检查、监控每项工程的进度。

82 用数据透视建立分析式图表

案例分析

Excel中的数据透视表和数据透视图扮演着整理大量数据的角色，不仅可以达到数据的快速合并、运算，更能灵活地调整行列的项目，显示统计结果。

在这个"销售明细表"案例中，首先将数据内容制作成有交叉清单设计的互动式数据透视表。通过这个数据透视表再进一步地建立成数据透视图，将复杂的数据内容以图的形式呈现，并且可以随着条件变化，帮助使用者分析、组织数据，大幅度提高工作效率。

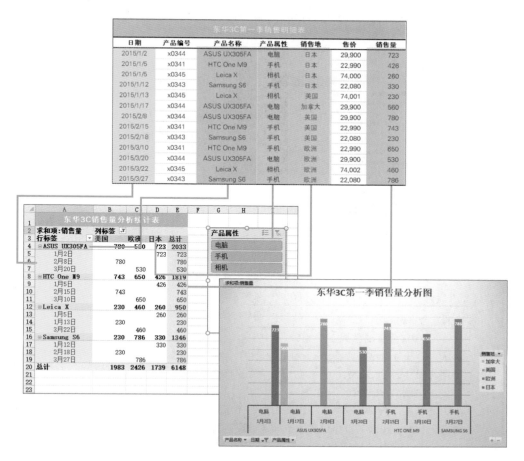

⊙ 操作说明

建立数据透视表

数据透视表会将收集来的数据妥善且系统地整理，让使用者分析和组织数据，也可以使用筛选、排序分组取得符合要求和参考价值的信息。按照如下步骤快速建立数据透视表。

1 选取制作数据透视表的数据的单元格范围A2:G15。

2 在"插入"工具栏中单击"数据透视表"按钮，打开"创建数据透视表"对话框。

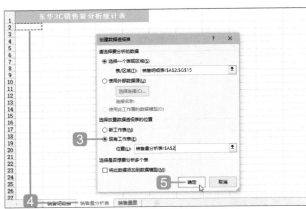

3 选择要放置数据透视表的位置，在这里勾选"现有工作表"。

4 接着指定工作表和单元格的位置：选中工作表"销售量分析表"，接着单击单元格A2。

5 单击"确定"按钮。

TIPS

创建数据透视表中设定项目的功能

在"创建数据透视表"对话框中，有以下两种设定项目的功能。

（1）请选择要分析的数据。

选择一个表或区域：存在于Excel工作表中的清单或数据范围。

使用外部数据源：如Access、DBase等数据库档案。

（2）选择放置数据透视表的位置。

新工作表：将来源数据用数据透视表呈现在新的工作表中。

现有工作表：将来源数据用数据透视表呈现在选定的工作表中。

刚建立好的数据透视表一开始还是未指定行列数据的状态，而其右侧会打开"数据
透视表字段"的工作窗口。

设置字段的显示方式

来源数据字段　　数据透视表的标题行

配置数据透视表的字段

在该案例中用产品名称、日期和销售地作为主要的交叉条件，再将"销售量"的数据
汇总到报表上，这样一来即可通过这个数据透视表分析出各个产品在各个销售地的销
售数量比重。首先从"数据透视表字段"窗口中拖曳标题字段到相关的对应区域。

1 在"销售地"字段上单
击鼠标左键不放拖曳到
"列"区域中，再放开鼠
标左键。

2 将"产品名称"字段拖曳
到"行"区域中，放开鼠
标左键。

3 再将"日期"字段拖曳到
"行"区域中，放开鼠标
左键。

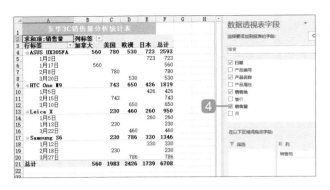

4 勾选"销售量"选项，或者直接将其拖曳到"值"区域中。

TIPS

删除字段

如果想删除"行""列"或"值"下方区域中的字段，可以在"数据透视表字段"窗口中单击该字段右侧的清单按钮，在清单中选择"删除字段"选项即可。

筛选数据透视表行（列）标签的数据

加入数据透视表的字段，可以通过"筛选"功能指定项目的隐藏和显示。在这里将"销售地"中"加拿大"的数据取消显示。

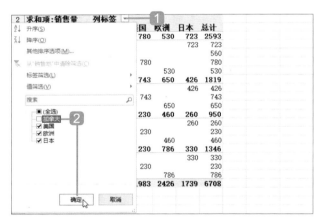

1 单击数据透视表"列标签"的清单按钮。

2 取消勾选"加拿大"后，单击"确定"按钮即可。

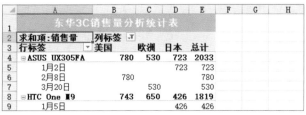

◀ 完成设定后，会看到指定的项目已经被隐藏。

对数据透视表行（列）标签的数据进行排序

数据透视表内若有大量数据时，按照字母或笔画来排列数据或将数据值从大到小进行排列，可以更轻松地找到所要分析的项目。在数据透视表中可以通过行（列）标签右侧的清单按钮中的功能来排序。

◁ 选取想要排序的"行标签"或"列标签"右侧的清单按钮 ▾，在其下拉菜单中选择"升序"或"降序"选项进行数据的排序。

通过切片器分析数据透视表的数据

当上方行和左侧列的标题字段越来越多时，可以使用切片器进阶显示确切的内容。这个案例设定按照"产品属性"来筛选分析出"相机"类的产品。

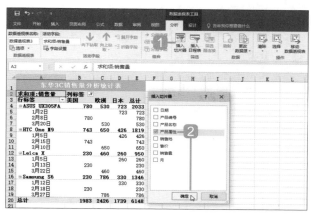

1️⃣ 在"分析"工具栏中单击"插入切片器"按钮，打开"插入切片器"对话框。

2️⃣ 勾选想要进行筛选的项目后，单击"确定"按钮。

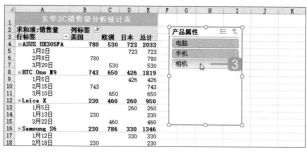

3️⃣ 工作表上会产生"产品属性"的切片器，可以试着浏览各个产品属性分析出来的结果，选择不同的产品属性观看报表的变化。

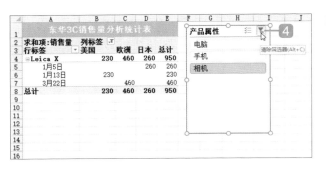

4 单击"清除筛选器"按钮可以清除切片器的设定，恢复所有数据。

折叠/展开数据透视表的字段

在这个销售表中，"折叠"行标签的字段可以暂时隐藏日期数据的显示，让这个数据分析表更加精简，突显出产品和销售地的联系。

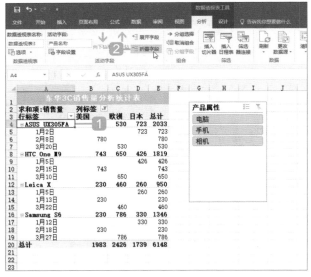

1 选取单元格A4。

2 在"分析"工具栏中单击"折叠字段"按钮。

◀ 会发现日期的数据已经被暂时隐藏了（若在"分析"工具栏中单击"展开字段"按钮，可以还原日期的数据）。

建立数据透视图

通过数据透视图呈现大量的数据内容，不但让人一目了然，还提供了互动式筛选按钮更加清楚地呈现统计数据。建立数据透视图的方法有两种：一是可以根据目前建立好的数据透视表来建立数据透视图；二是直接根据工作表中的原始数据建立数据透视图。在这里示范由数据透视表转化成数据透视图的方法。

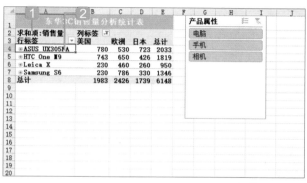

1. 先将数据透视表的数据整理好，可以筛选、折叠或展开所需要的数据。

2. 选取数据透视表中的任一单元格。

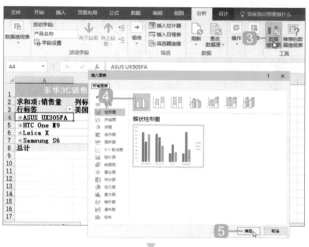

3. 在"分析"工具栏中单击"数据透视图"按钮，打开"插入图表"对话框。

4. 选择图表类型，在这里选择"柱形图"中的"簇状柱形图"。

5. 单击"确定"按钮完成数据透视图的建立。

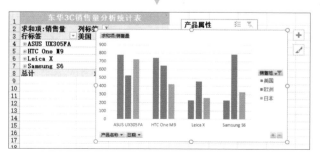

调整图表整体视觉、布局和样式设计

数据透视图的编辑修改操作和一般的图表其实是一样的，为了方便数据透视图浏览和编辑，将数据透视图移到事先建立好的"销售量图"工作表中。

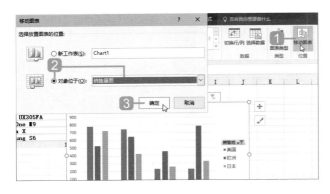

1 在选取图表的状态下，在"设计"工具栏中单击"移动图表"按钮，打开"移动图表"对话框。

2 勾选"对象位于"选项，并指定为"销售量图"工作表。

3 单击"确定"按钮。

移至新工作表的数据透视图可以先调整位置和大小，再套用合适的布局和样式完成设计。

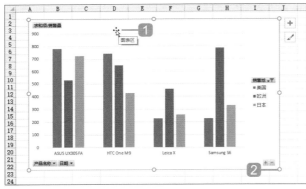

1 将鼠标指针移到图表上呈状时，按住鼠标左键不放拖曳移动图表的位置。

2 在选取图表的状态下，将鼠标指针移至图表的四个角上呈状时，按住鼠标左键不放拖曳移动可以缩放图表大小。

3 给图表添加合适的标题。

4 套用合适的颜色、布局和样式，并建议加上数据标签，这样图表的数据系列可以更清楚地呈现第一季各销售地的销售量值。

自动更新数据透视表和数据透视图

预设的状态下，当原始数据改变时，数据透视表和数据透视图并不会自动更新内容，必须在"分析"工具栏中单击"刷新"按钮，在清单中选择"刷新"命令才能达到数据透视表和数据透视图同步的状态。

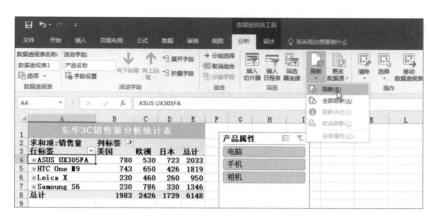

为了节省时间并提高工作效率，可以按照以下的操作步骤设定，即可在每次打开图表时自动更新。

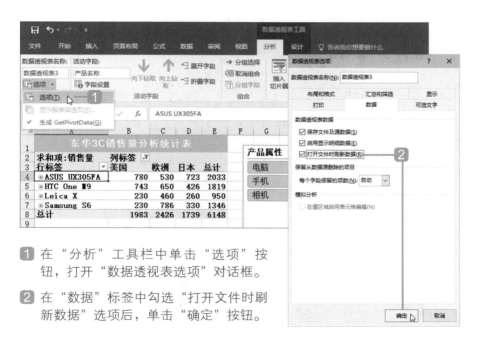

1️⃣ 在"分析"工具栏中单击"选项"按钮，打开"数据透视表选项"对话框。

2️⃣ 在"数据"标签中勾选"打开文件时刷新数据"选项后，单击"确定"按钮。

在数据透视图中动态分析主题数据

数据透视图除了可以根据原始数据内容和相关的数据透视表而变动，数据透视图本身也拥有一些简单的动态分析功能，可以筛选出特定数据并同时调整图表的呈现效果，这样一来即可快速地分析出更多的信息。

主题 1 特定销售地的信息

在这个案例中，产品主要销售至欧洲、日本、美国和加拿大四个地区，如果想要在图表上仅浏览各产品在特定国家的销售量信息，可以通过"销售地"进行筛选。

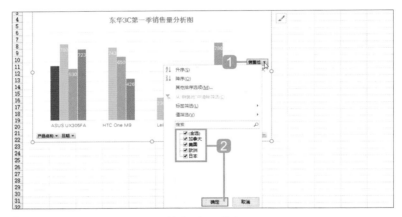

① 单击数据透视图上的"销售地"按钮。

② 在清单中勾选想要浏览的地区或取消勾选不想浏览的地区，单击"确定"按钮即可在图表上呈现特定的销售地的信息。

主题 2 销售量大于500的信息

这个案例是产品第一季的销售量明细，如果想要图表上仅显示销售量大于500的信息，可以通过"日期"中的"销售量"进行交叉筛选。

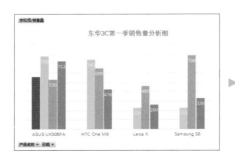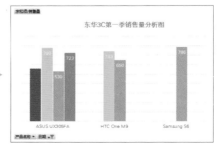

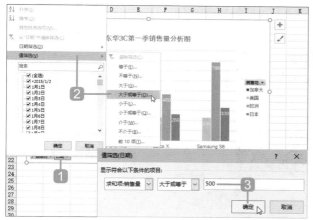

1 单击数据透视图上的"日期"按钮。

2 在清单中单击"值筛选"按钮，选择"大于或等于"选项。

3 "值筛选"对话框中会自动设定为"求和项:销售量"和"大于或等于"的条件，在输入框中输入500，单击"确定"按钮。

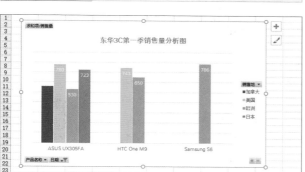

◀ 这时仅会出现销售量大于或等于500的业绩（"日期"按钮右侧会出现 ▼ 图示）。

当图表按照要求筛选出特定的数据时，如果觉得原来的坐标轴标题不符合使用规则，可以在坐标轴标题中显示更详细的数据让图表更容易浏览。

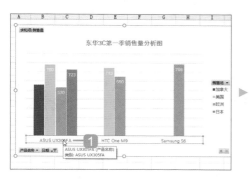 ▶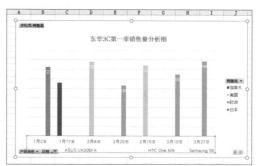

1 在水平坐标轴标题文字上双击鼠标左键，以这个案例来说，还可以展开一层日期信息的字段。

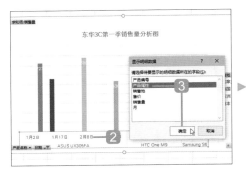 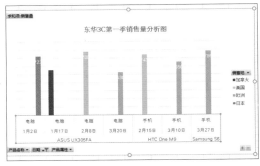

2 接着再在水平坐标轴的文字上双击鼠标左键，当来源数据内没有字段可以展开时会弹出"显示明细数据"对话框。

3 指定想要显示的明细数据的字段，再单击"确定"按钮，坐标轴即可产生详细的数据标注，可以更容易了解图表各个数据系列所显示出的信息。

特定主题的数据筛选浏览后，可以再通过图表的设定还原数据，这样在进行下个主题时才不会觉得有些数据内容没有完整呈现。

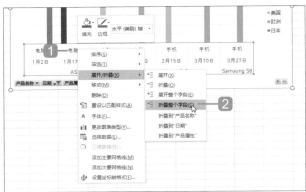

1 在水平坐标轴的文字上单击一下鼠标右键。

2 选择"展开/折叠"选项，在列表中选择"折叠整个字段"，即可将"产品属性"字段数据隐藏。同样地，再操作一次"折叠整个字段"，则可以将"日期"字段数据隐藏。

3 检查一下数据透视图中各个字段按钮右侧是否有 图示，如果有即表示该字段目前正套用了指定的筛选条件，这时单击该字段按钮，再选择"从××中清除筛选"选项，即可清除筛选条件。

一月份的销售量信息

这个案例是第一季（1～3月）的销售量明细，如果想在图表上仅浏览一月份的销售量信息，可以通过"日期"进行筛选。

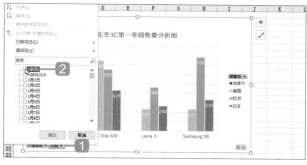

1 单击数据透视图上的"日期"按钮。

2 在清单中选择"全选"选项，将所有项目取消勾选。

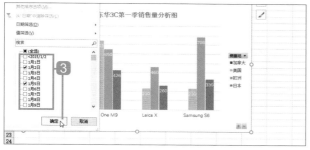

3 接着勾选一月份的日期，再单击"确定"按钮。

按照日期筛选出特定的数据，但水平坐标轴并没有相关的标注，这样的图表略显美中不足。如果每个数据系列可以标注相关的日期，则可以让图表更容易浏览。

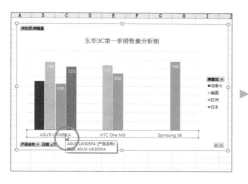

▶

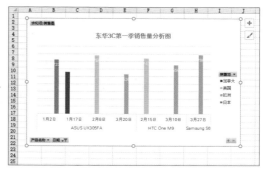

▲ 在水平坐标轴的文字上双击鼠标左键，以这个案例来说，即可展开一层日期的明细数据（如果想要展开或折叠更多的字段数据，可以参考P194的说明）。

6 互动式图表的应用

83 用"表单控件"建立指定项目的图表

▶ 案例分析

Excel中的"表单控件"是设计动态图表必学的功能，最常见到的控件有按钮、组合框、复选框、分组框、列表框等，不用学困难的宏程序，就可以在Excel工作表中呈现互动式的功能。

在这个"支出预算"的案例中，要通过表单控件设计组合框，再结合一个简单的函数，让使用者随时选择想要浏览的项目：广告、税款、办公用品、房租、电话费、水电费，并自动呈现该项目在各个月份的"支出预算比较"图表。

第一季支出预算

项目	预算	一月	二月	三月	四月	总额	差额
广告	NT$30,000	13,500	8,000	20,000	6,000	NT$47,500	−NT$17,500
税款	NT$50,000	19,300	12,000	18,900	17,600	NT$67,800	−NT$17,800
办公用品	NT$30,000	1,250	7,000	12,000	3,300	NT$23,550	NT$6,450
房租	NT$80,000	20,000	20,000	20,000	22,000	NT$82,000	−NT$2,000
电话费	NT$10,000	1,456	2,236	2,980	1,456	NT$8,128	NT$1,872
水电费	NT$10,000	2,560	1,500	1,200	1,560	NT$6,820	NT$3,180

项目	一月	二月	三月	四月

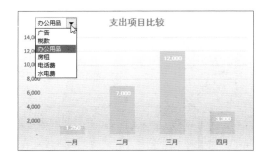

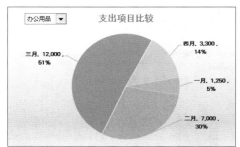

196

建立图表

在这个"支出预算"案例中，不是使用单元格A2:H8中的数据来制作这份动态图表，而是通过由表单控件和函数在单元格B11:E11中的数据来产生图表的数据系列，在此先生成一个空的图表。

Step 1 建立柱形图

1 选取单元格范围B10:E11。

2 在"插入"工具栏中单击"柱形图"按钮，选择插入"簇状柱形图"，工作表中会插入指定的图表。

Step 2 调整图表位置、大小和标题文字

初步插入这份空白图表后，针对这份图表想要呈现的重点可以先调整其位置、大小、标题文字等（详细的操作可以参考Part 3的说明）。

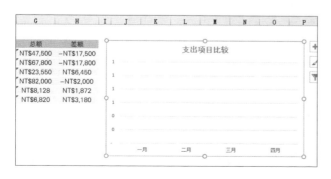

通过函数传回指定项目的数据

单元格B11:E11中要用OFFSET函数取得上方主数据表中的数据，OFFSET函数可以由指定的起始单元格按照指定位移行数或列数传回目标单元格内的数据。

语法：OFFSET（起始单元格位址，位移行数，位移列数，包括单元格高度，包括单元格宽度）

1 选取单元格B11，输入OFFSET函数的运算公式：
=OFFSET(C2,$A$11,0)
这样一来会传回单元格C2下方某一行中的值，而到底是哪一行？则取决于单元格$A$11中出现的值。

2 在单元格B11中，按住右下角的"填充控点"往右拖曳至单元格E11再放开鼠标左键，可以快速完成其他月份的函数输入（由单元格B11中输入的OFFSET函数起始单元格位址并非绝对位址，所以复制到其他单元格后会变成D2、E2、F2）。

建立可以选择种类的表单控件

Step 1 打开专属工具栏

要通过VBA动手撰写相关的程序代码前，需要先打开"开发工具"工具栏。

1 单击"文件"工具栏，在菜单中单击"选项"，打开"Excel选项"对话框。

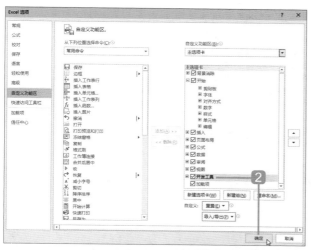

2 在"自定义功能区"面板中勾选"开发工具",再单击"确定"按钮完成启用的操作。

3 回到Excel后,功能区果然多出了一个"开发工具"工具栏,其中包含了VBA程序和宏开发的相关功能。

Step 2 建立表单控件——组合框

要在工作表上建立一个表单控件"组合框",当通过这个下拉式方块选择想要浏览的支出项目时,就会自动以函数取得该支出项目一月、二月、三月、四月的支出金额。

1 在"开发工具"工具栏中单击"插入"按钮,在下拉菜单中选择"表单控件"中的"组合框"。

2 在刚刚制作好的空白图表的左上方,按住鼠标左键不放拖曳绘制出一个矩形下拉式方块。

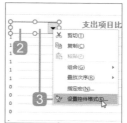

3 在组合框控件上单击一下鼠标右键,选择"设置控件格式"选项。

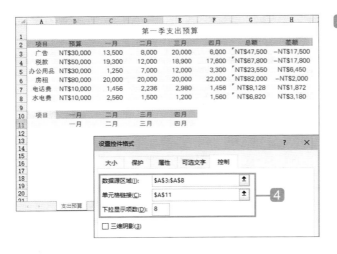

4 打开"设置控件格式"对话框，在"数据源区域"的输入框中输入"$A$3:$A$8"，"单元格链接"的输入框中输入"$A$11"，"下拉显示项数"为8，单击"确定"按钮。

Step 3 调整表单控件"组合框"至合适的大小

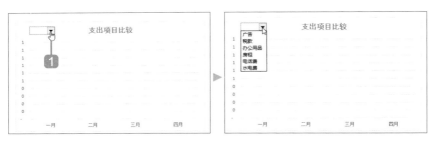

1 刚刚设定好的表单控件"组合框"会呈选取状态，先按 Esc 键取消勾选该控件。这时再将鼠标指针移至该组合框上会呈 👆 状，单击该方块即会显示 单元格 $A$3:$A$8中的值：广告、税款、办公用品、房租、电话费、水电费，供使用者选择。

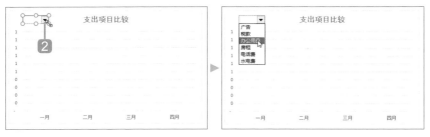

2 在组合框上单击鼠标右键，再单击一下鼠标左键（取消快选功能表），即可拖曳该控件的控点调整控件大小，调整完成后再按 Esc 键即可取消选取该控件。

使用表单控件浏览特定项目的支出图表

完成前面的建立和设定，现在就来实测这个表单控件，通过支出项目的指定取得该项目的支出比较图表。

Step 1 在下拉式清单中指定支出项目

单击图表左上方的表单控件"组合框"，选择第一个项目"广告"，即会传送数值1至单元格\$A\$11，选择第二个项目"税款"，即会传送数值2至单元格\$A\$11，依此类推。

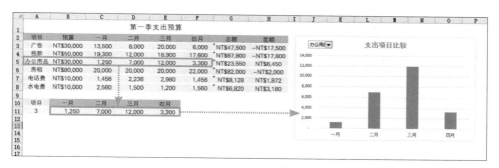

在此选择第三个项目"办公用品"，即会传送数值3至单元格\$A\$11，而单元格B11至E11则通过OFFSET函数取得"办公用品"一月、二月、三月、四月的支出金额，同时图表上也出现了"办公用品"一月、二月、三月、四月的数据系列。

Step 2 调整图表布局和格式

当图表获得数据内容时，不但会出现数据系列，相关的图表元素如坐标轴、网格线、数据标签等均会呈现。这时可以再给该图表套用合适的布局、颜色或样式，甚至可以套用其他图表类型试试不同图表所呈现出来的效果。

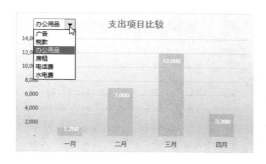

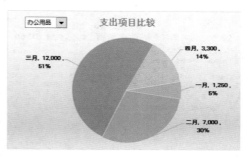

84 用"VBA和宏"建立自动化图表

⊙ 案例分析

在这个"支出预算"的案例中，要使用VBA和宏，让你只要单击设计好的互动式按钮即可自动建立指定的图表。

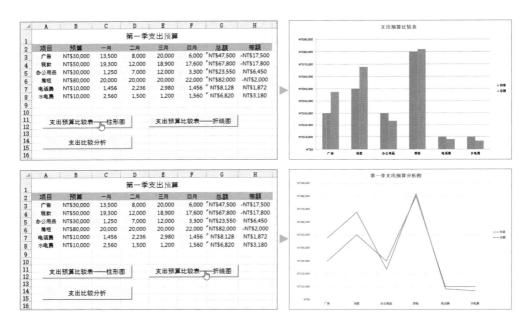

更进阶的VBA应用，通过控件即可根据指定的多个条件项目建立出动态图表。

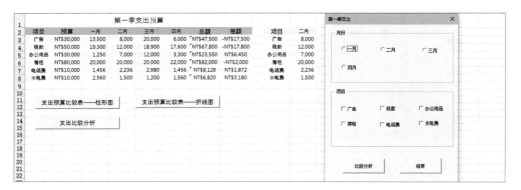

什么是VBA和宏

在Office中可以使用宏做一些自动化的部分，是用所谓的VBA（Visual Basic for Applications）程式来撰写，可以加强和简化操作的方法，也可以节省程序重复设计的时间。

VBA程序设计中，包含了控件、属性、属性值、方法和集合的组合概念，以下就针对这些性质作一个简单说明。

  （1）控件：VBA是一种控件导向的程序语言。如同计算机的硬盘是由盘片、磁头、控制电机、螺丝等零件组成，这些零件即所谓的控件。

  （2）属性：每一个控件都有其相关的特性。如同计算机中硬盘的螺丝，其宽度、长度、种类等特性，即是所谓的属性。

  （3）属性值：各种属性内含的数据，即为属性值。像是这根螺丝的长度为2公分，这个"2公分"即为螺丝的长度属性值。

  （4）方法：操作控件的动作指令。例如打开或关闭计算机的动作，即是一种方法。

  （5）集合：结合一群具有相同性质的控件，就叫集合。例如，Excel预设打开的新文件名称为Book1、Book2、……、Bookn，这里的文件就是一种集合，因为它们拥有一样的控件、属性和方法。这种文件集合称为Documents集合。

VBA语法表示法

VBA程序中控件下方包含哪些控件有其一定的规则，摆放位置也不可以乱放，每一项层次都分得很清楚！在VBA语法中，控件和属性的表示方式如下：

ObjectName.PropertyName
  ▲ 控件名称   ▲ 控件属性

许多人对于VBA语法间的"·"总是无法立刻解读，其实只要将它当成文章中的"的"字，其解法就很容易了。建议可以练习利用VBA语法来形容生活周遭的人或事物。例如，有一朵红色的玫瑰花，如果使用VBA的语法来解释，其结果如下：

玫瑰花·花瓣颜色 = 红色

其中"·"如果使用"的"来替代，这样就更容易了解了。

6 互动式图表的应用

建立可以自动产生图表的按钮

在这个案例中要使用VBA先撰写简单的建立图表程序，再回到Excel工作表中建立表单按钮，使用者只要单击这个按钮就可以执行这段程序。

Step 1 打开专属工具栏

在通过VBA动手撰写相关的程序代码前，需要先打开"开发工具"工具栏。

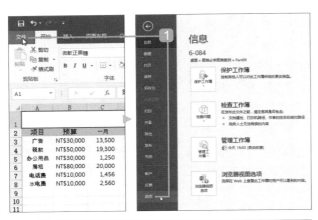

1️⃣ 单击"文件"工具栏，在菜单中单击"选项"，打开"Excel选项"对话框。

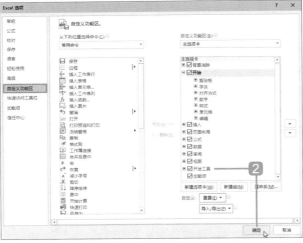

2️⃣ 在"自定义功能区"面板中勾选"开发工具"，单击"确定"按钮完成操作。

3️⃣ 回到Excel之后，工具栏果然多出了一项"开发工具"工具栏，其中包含了VBA和宏的相关功能。

Step 2 进入Visual Basic编辑器并插入一个新的模组块

模块是宣告、陈述式以及程序的集合,换句话说,模块是存放VBA程序代码的地方。

1 在"开发工具"工具栏中单击Visual Basic按钮,打开Microsoft Visual Basic for Applications窗口。

2 选择"插入"菜单中的"模块"选项,会新增一个模块1,并打开其空白模块编辑窗口。

Step 3 撰写建立柱形图图表的程序代码

试着在模块1的窗口中撰写一段如下所示的简易程序代码,建立柱形图(也可以直接复制案例所提供的程序代码贴入)。

◀ 在 ' 符号之后的文字均为注解文字,用绿色标示,可以帮助了解该行程序代码的意义,在程序执行时会略过。

程序代码:

```
Public Sub 柱形图()
    Range("支出预算!$A$2:$B$8,支出预算!$G$2:$G$8").Select
    ActiveWorkbook.Charts.Add '建立图表
    ActiveChart.SetSourceData Source:=Range("支出预算!$A$2:$B$8,支出预算!$G$2:$G$8") '数据范围
    ActiveChart.ChartType = xlColumnClustered '指定图表类型
    ActiveChart.HasTitle = True
    ActiveChart.ChartTitle.Text = "支出预算比较表" '图表标题设定
    ActiveChart.ChartArea.Select
    ActiveChart.Location Where:=xlLocationAsNewSheet '将图表置于指定的工作列表
End Sub
```

❻
互动式图表的应用

说明：

1 Range("支出预算!$A$2:$B$8,支出预算!$G$2:$G$8").Select

选取工作表中要制作为图表的数据范围。

2 ActiveWorkbook.Charts.Add
ActiveChart.SetSourceData Source:=Range("支出预算!$A$2:$B$8,支出预算!$G$2:$G$8")

开始建立图表，指定数据范围。

3 ActiveChart.ChartType = xlColumnClustered

指定图表类型：xlColumnClustered为柱形图，其他的常用图表类型有XlPie饼图、xlBarClustered条形图、xlLine折线图、xlRadar雷达图等。

4 ActiveChart.HasTitle = True
ActiveChart.ChartTitle.Text = "支出预算比较表"

设定有图表标题控件，指定标题文字为"支出预算比较表"。

5 ActiveChart.ChartArea.Select
ActiveChart.Location Where:=xlLocationAsNewSheet

选取图表，指定图表放置在哪个工作表中：xlLocationAsNewSheet为新工作表，若需要指定特定的工作表则可以输入xlLocationAsObject,Name:="工作表名称"。

Step 4 测试程序效果

完成了这个VBA程序的撰写，现在马上执行来看看结果。

1 在VBA窗口的工具栏中单击"视图Microsoft Excel"按钮，返回Excel工作表中执行宏。

2 在"视图"工具栏中单击"宏"按钮，在下拉菜单中选择"查看宏"选项，打开"宏"对话框。

3 选取刚刚建立的宏项目"柱形图"。

4 单击"执行"按钮。

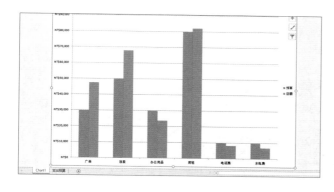

◀ 会打开一个新的工作表，并按照指定的数据范围建立柱形图，嵌入到这个工作表中。

Step 5 插入第二个新模块并撰写建立折线图的程序代码

接着要来撰写第二个建立图表的程序代码，同样地，先建立一个新的模块，再在模块2的编辑窗口中撰写一段如下所示的简易程序代码，建立折线图（也可以直接复制案例所提供的程序代码贴入）。

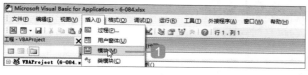

1 单击"插入"按钮，选择"模块"选项，会新增一个模块2，并打开其空白模块编辑窗口。

2 输入程序代码，这段程序代码和前面建立的柱形图相同，仅在指定图表类型时需要指定为折线图。

程序代码：

```
Public Sub 柱形图()

    Range("支出预算!$A$2:$B$8,支出预算!$G$2:$G$8").Select

    ActiveWorkbook.Charts.Add '建立图表

    ActiveChart.SetSourceData Source:=Range("支出预算!$A$2:$B$8,支出预算!$G$2:$G$8") '数据范围

    ActiveChart.ChartType = xlLine '指定图表类型

    ActiveChart.HasTitle = True

    ActiveChart.ChartTitle.Text = "支出预算比较表" '图表标题设定

    ActiveChart.ChartArea.Select

    ActiveChart.Location Where:=xlLocationAsNewSheet '将图表置于指定的工作列表

End Sub
```

Step 6 测试程序效果

完成了这个VBA程序的撰写，现在马上执行来看看结果。

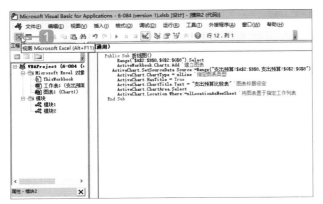

1 在VBA窗口的工具栏中单击"视图Microsoft Excel"按钮，返回Excel工作表中执行宏。

2 "支出预算"工作表中，在"视图"工具栏中单击"宏"按钮，在下拉菜单中选择"查看宏"选项，打开"宏"对话框。

3 选取刚刚建立的宏项目"折线图"。

4 单击"执行"按钮。

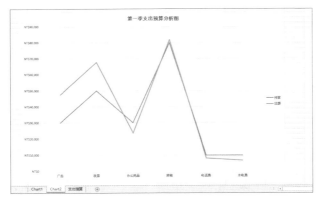

◀ 会打开一个新的工作表，并按照指定的数据范围建立折线图，嵌入到这个工作表中。

208

建立自动产生图表的表单按钮

在预设的状态下，每次要执行宏时都必须在"视图"工具栏中单击"宏"按钮，在下拉菜单中选择"查看宏"选项，打开"宏"对话框后再选取不同的宏来执行。如果能在工作表中放置几个自定义的按钮，在单击后执行指定的功能，就更方便了。

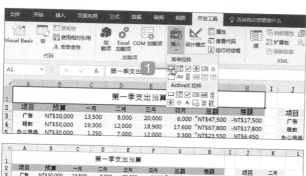

1. 回到"支出预算"工作表中，在"开发工具"工具栏中单击"插入"按钮，在下拉菜单中选择"表单控件"中的"按钮"选项。

2. 在下方的空白单元格上，如左图所示按住鼠标左键不放，拖曳出一个按钮区块。

3. 放开鼠标左键后会自动弹出"指定宏"对话框。"宏名"清单中会列出前面自定义的两个模块，这里希望单击这个按钮后会建立柱形图，所以选择"宏名"为"柱形图"，单击"确定"按钮。

在工作表上建立好表单按钮后，为了方便操作时知道这个按钮的功能，因此要修改按钮上标注的文字。

1. 回到工作表，在这个按钮上单击一下鼠标右键，选择"编辑文字"选项。

2. 将文字修改为"支出预算比较表——柱形图"。

3. 在任一空白处单击一下鼠标左键完成编辑。

6 互动式图表的应用

这样就完成单击时会执行指定功能的第一个表单按钮，现在就来试试按钮的效果。

◀ 单击刚刚新增的"支出预算比较表——柱形图"按钮，即可在新的工作表中生成以实际支出总额和预算金额比较的柱形图。

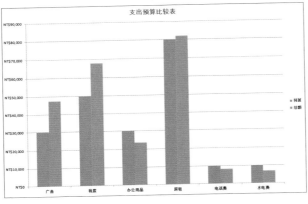

用相同的方法再建立第二个表单按钮，指定执行前面自定义的折线图模块，并修改名称为"支出预算比较表——折线图"。

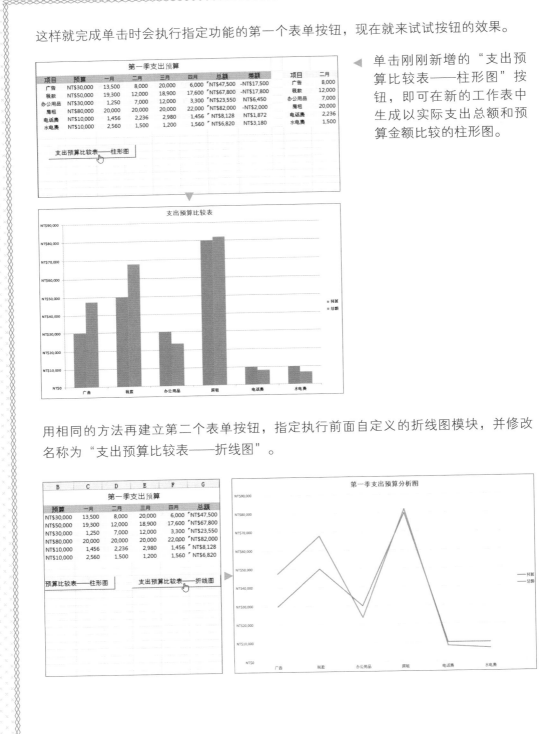

保存含有宏的Excel工作簿

完成自动生成图表的按钮后，可以先将文件进行保存。Excel中因为对于安全性的考虑，如果含有VBA和宏的工作簿就必须使用(.xlsm)的文件类型来保存文件。

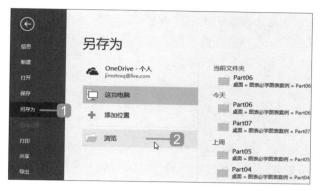

1️⃣ 单击"文件"工具栏，在出现的菜单中选择"另存为"选项。

2️⃣ 在"另存为"窗口中单击"浏览"按钮打开"另存为"对话框。

3️⃣ 指定保存的路径。

4️⃣ 指定"保存类型"为"Excel启用宏的工作簿"(*.xlsm)。

5️⃣ 输入"文件名"。

6️⃣ 单击"保存"按钮，这样就完成了这个含有宏的工作簿的保存。

❻ 互动式图表的应用

TIPS

宏的提示对话框

如果工作簿本身已经新增了宏的指令，但在保存文件时，并没有选择设定"保存类型"为"Excel 启用宏的工作簿"时，会出现如下所示的对话框。

如果要将文件保存成没有宏的工作簿，请单击"是"按钮；而单击"否"按钮则会取消目前的保存操作，需要再用"另存为"的方式重新保存为(*.xlsm)格式的文件。

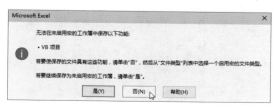

建立根据需求变动的图表

取得需求的数据有多种方式，前面的章节提到可以通过筛选和排序取得合适的数据后再建立图表，而本节则是通过数据透视表分析出需要的数据后再建立图表。

前面的案例提到应用VBA和表单按钮自动建立图表，接着要用VBA窗体示范如何根据使用者的需求生成互动式图表，不仅可以自动选取新的数据范围，还可以有效提升工作效率。在这个"支出预算"的案例中，即要根据使用者想要浏览的月份和项目作为标准，再进行支出比较分析。

Step 1　创建窗体

VBA窗体可以包含许多控件，如选定对象、文本框、复选框、命令按钮等，你可以在窗体中布置合适的控件，让使用者通过这个界面进行操作。

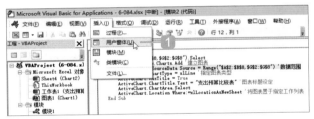

1 在Microsoft Visual Basic for Applications视窗中，单击"插入"按钮，在下拉菜单中选择"用户窗体"选项。

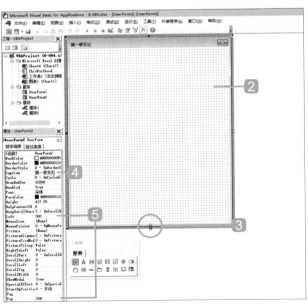

2 出现一个空白窗体，预设的名称为UserForm1，其旁边会出现一个"工具箱"面板。

3 拖曳四边的控制点可以调整窗体的大小。

4 在"属性"视窗的Caption栏中输入"第一季支出"，窗体的标题栏会显示文字"第一季支出"。

5 在"属性"视窗的Left栏和Top栏分别输入300和200，指定窗体在工作表中的位置。

建立窗体内的控件——添加框架

"工具箱"面板中的工具按钮各有其名称和功能，如下表所示进行简单整理说明。

工具按钮	名称	功能
▶	选定对象	用于选取各控件，不会产生新的控件
A	标签（Label）	用于建立窗体中的说明文字，使用者只能浏览而无法改变
abl	文本框（TextBox）	用于建立一个让使用者可以输入文字的文本框
🔲	复合框（ComoBox）	用于建立清单和文本框的组合，使用者可以从清单中选择一个项目或输入一个值
🔲	列表框（ListBox）	用于建立使用者可以选择的项目清单，清单内容较多时会自动生成滚动条
☑	复选框（CheckBox）	用于建立可以勾选的项目（可多选），使用者可以勾选多个项目
⊙	选项按钮（OptionBotton）	用于建立可以选定的项目（多选一），使用者只能选择一个项目
⇄	切换按钮（ToggleButton）	用于建立切换开和关的按钮
▣	框架（Frame）	用于建立一个控件的群组，在这个框架中的控件为同一群组
⌐	命令按钮（CommandButton）	用于建立执行一个指令的按钮
⌐	工具栏区域（TabStrip）	用于建立页面标签区域，里面含有两个标签
⌐	多页（MultiPage）	用于将多页的信息内容定义为单一集合控件，预设值有两页，每一页都有专属的窗体
⇕	滚动条（ScrollBar）	用于建立滚轴，可以是速度或数量的指示器
⬍	旋转按钮（SpinButton）	用于建立增减数字的控件
🖼	图像（Image）	用于建立显示图像的控件
🔲	未知（RefEdit）	用于建立显示选取单元格范围的视窗

由于要在窗体中加入多个可以多选一的选项按钮（OptionBotton）控件，所以需要先添加框架（Frame）控件搭配使用，这样才能指定为同一个群组。

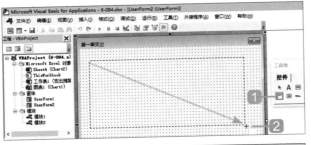

1 单击"工具箱"中的"框架"按钮。

2 在窗体如左图所示的位置拖曳出合适的框架大小。

3 在名为Frame1的"属性"视窗的Caption栏中输入"月份"，窗体中框架的标题栏会显示文字"月份"。

用相同的方式在窗体中添加一个框架（Frame）控件，并改名为"项目"，在后续步骤中会在此框架内添加多个复选框（CheckBox）控件。

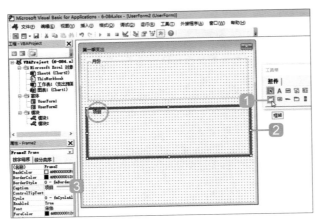

1 单击"工具箱"中的"框架"按钮。

2 在窗体如左图所示的位置拖曳出合适的框架大小。

3 在名为Frame2的"属性"视窗的Caption栏中输入"项目"，窗体中框架的标题栏会显示文字"项目"。

Step 3 建立窗体内的控件——选项按钮（OptionBotton）

窗体的"月份"选项中要以可以多选一的选项按钮（OptionBotton）控件建立"一月""二月""三月""四月"四个选项。

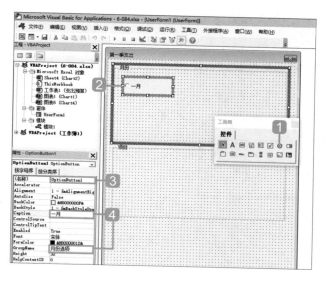

1 单击"工具箱"中的选项按钮 ⊙。

2 在窗体如左图所示的位置单击一下鼠标左键，建立第一个选项按钮。

3 在"属性"视窗检查名称是否为OptionButton1，因为之后的程序中会有相关判断式。

4 在OptionButton1控件属性视窗的Caption栏中输入"一月"，GroupName栏中输入"月份选项"。

用相同的方式在"月份"框架中添加多个可以多选一的"选项按钮"控件（如下图所示），记得要检查各个选项按钮的名称，并依序设定其Caption为"二月""三月""四月"，GroupName设定为"月份选项"。

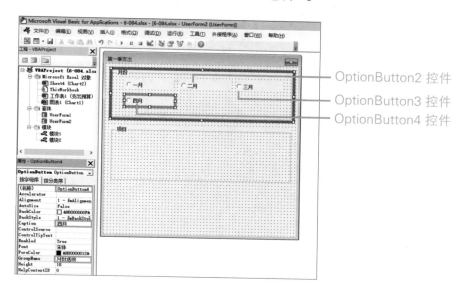

OptionButton2 控件
OptionButton3 控件
OptionButton4 控件

6 互动式图表的应用

Step 4 建立窗体内的控件——复选框（CheckBox）

窗体的"项目"选项中要用可以多选多的复选框（CheckBox）控件建立广告、税款、办公用品、房租、电话费、水电费六个选项。其建立的方式和选项按钮（OptionBotton）控件是相同的，只要记得在"属性"视窗的Caption栏中输入各个选项要显示的文字即可。

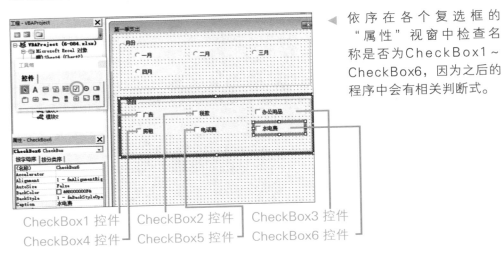

▲ 依序在各个复选框的"属性"视窗中检查名称是否为CheckBox1~CheckBox6，因为之后的程序中会有相关判断式。

CheckBox1 控件　CheckBox2 控件　CheckBox3 控件

CheckBox4 控件　CheckBox5 控件　CheckBox6 控件

Step 5 建立窗体内的控件——命令按钮（CommandButton）

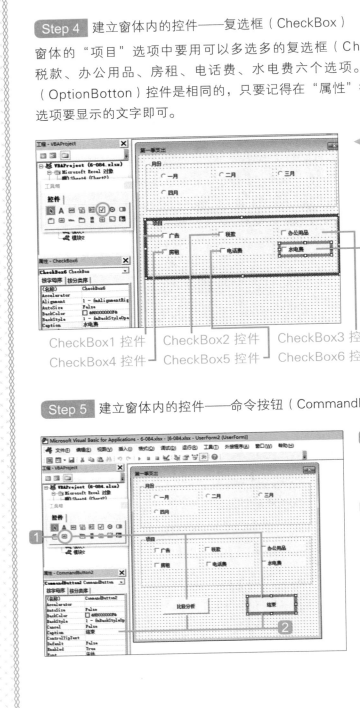

1️⃣ 单击"工具箱"中的命令按钮，在窗体中添加两个命令按钮。

2️⃣ 分别选取窗体中的两个命令按钮，在其"属性"视窗的Caption栏设定要显示的文字为"比较分析"和"结束"。

撰写"比较分析"按钮的程序代码

当单击窗体中的"比较分析"按钮时,这个按钮主要执行下列五项操作:

- 定义工作表
- 清除工作表上的图表和指定单元格内的值
- 判断窗体中选择了哪个月份并将值显示在指定的单元格K2
- 判断窗体中选择了哪些项目,取得该项目该月份支出的值并显示在指定单元格中
- 根据选择的月份和项目数据,建立柱形图

按照如下说明撰写此按钮内的程序代码(也可以直接复制案例所提供的程序代码贴入)。

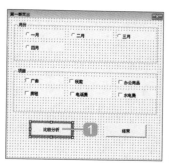

1 双击窗体中的"比较分析"按钮。

2 在弹出的窗口中输入程序代码。

程序代码(比较分析按钮——第一段):

```
Private Sub CommandButton1_Click()
    Dim Pay As Worksheet '定义工作表
    Set Pay = Worksheets("支出预算")
    ActiveSheet.ChartObjects.Delete '清除工作表上的图表
    Pay.Range("K3") = 0 '将广告的值归零
    Pay.Range("K4") = 0 '将税款的值归零
    Pay.Range("K5") = 0 '将办公用品的值归零
    Pay.Range("K6") = 0 '将房租的值归零
    Pay.Range("K7") = 0 '将电话费的值归零
    Pay.Range("K8") = 0 '将水电费的值归零
```

说明:

首先定义必须在"支出预算"工作表中进行,接着清除此工作表上现有的图表以及将单元格K3、K4、K5、K6、K7、K8内的值归零,这样即完成第一阶段的准备工作。

程序代码（比较分析按钮——第二段）：

```
If OptionButton1.Value = True Then '判断选择了哪个月份并标注在单元格K2中
    Pay.Range("K2") = OptionButton1.Caption
ElseIf OptionButton2.Value = True Then
    Pay.Range("K2") = OptionButton2.Caption
ElseIf OptionButton3.Value = True Then
    Pay.Range("K2") = OptionButton3.Caption
ElseIf OptionButton4.Value = True Then
    Pay.Range("K2") = OptionButton4.Caption
End If
```

说明：

这段程序代码是要判断使用者在窗体"月份"选项中选择了哪一个项目（一月、二月、三月、四月），因为月份是多选一的选项，所以只会有一个结果值，因此运用 If...ElseIf...End If 进行判断。当OptionButton1的值为True（即被选取）时，则在单元格K2中显示OptionButton1的Caption属性值（一月）。依此类推，一层层判断出使用者选择了哪个月份并将文字显示在单元格K2中。

程序代码（比较分析按钮——第三段）：

```
If CheckBox1 = True Then '判断选择了哪些项目并取得该月份的值
    Pay.Range("K3") = WorksheetFunction.HLookup(Pay.Range("K2"), Pay.Range("$A$2:$F$8"), 2, 0)
End If
If CheckBox2 = True Then
    Pay.Range("K4") = WorksheetFunction.HLookup(Pay.Range("K2"), Pay.Range("$A$2:$F$8"), 3, 0)
End If
If CheckBox3 = True Then
    Pay.Range("K5") = WorksheetFunction.HLookup(Pay.Range("K2"), Pay.Range("$A$2:$F$8"), 4, 0)
End If
If CheckBox4 = True Then
    Pay.Range("K6") = WorksheetFunction.HLookup(Pay.Range("K2"), Pay.Range("$A$2:$F$8"), 5, 0)
End If
If CheckBox5 = True Then
    Pay.Range("K7") = WorksheetFunction.HLookup(Pay.Range("K2"), Pay.Range("$A$2:$F$8"), 6, 0)
End If
```

```
If CheckBox6 = True Then
    Pay.Range("K8") = WorksheetFunction.HLookup(Pay.Range("K2"), Pay.Range("$A$2:$F$8"), 7, 0)
End If
```

说明：

这段程序代码是要判断使用者在"项目"选项中选择了哪一个项目（广告、税款、办公用品、房租、电话费、水电费），因为项目是多选多的选项，所以可能会有 1～6 个结果值，因此运用 If....End If 一项项进行判断。

第一个判断：当CheckBox1的值为True（即被选取），因为CheckBox1代表"广告"项目，因此在单元格K3中通过HLookup函数根据"月份"选项选择的月份值取得数据范围$A$2:$F$8中对应的值。依此类推，一层层判断出使用者选择了哪些项目并将值显示在指定的单元格中。

程序代码（比较分析按钮——第四段）：

```
ActiveWorkbook.Charts.Add '新增一个图表
ActiveChart.SetSourceData Source:=Range("支出预算!$J$2:$K$8") '数据范围
ActiveChart.ChartType = xlColumnClustered '指定图表类型
ActiveChart.Location Where:=xlLocationAsObject, Name:="支出预算" '将图表置于指定的工作列表
ActiveSheet.ChartObjects.Height = 170 '设定图表高度
ActiveSheet.ChartObjects.Width = 280 '设定图表宽度
ActiveSheet.ChartObjects.Top = 30 '设定图表坐标轴 X
ActiveSheet.ChartObjects.Left = 620 '设定图表坐标轴 Y
ActiveChart.HasTitle = True
ActiveChart.ChartTitle.Characters.Text = Pay.Range("K2") & "份支出项目比较"
End Sub
```

说明：

此段程序代码和前面操作过的建立柱形图的程序代码几乎相同，只是这个图表是指定建立在"支出预算"工作表中，并指定了图表高度、宽度和图表摆放的位置。

撰写"结束"按钮的程序代码

当单击窗体中的"结束"按钮时,会关闭目前开启的窗体控件,待控件关闭后才能进入Excel工作表的操作说明。

按照如下说明撰写此按钮的程序代码(也可以直接复制案例所提供的程序代码贴入)。

 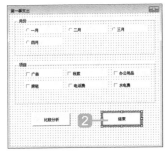

1 双击左侧"工程"视窗中"窗体"文件夹下的UserForm1控件项目。

2 回到窗体,单击"结束"按钮。

3 输入程序代码,这段程序代码可以关闭目前开启的窗体控件。

Step 8 插入第三个新模块并撰写开启窗体的程序代码

最后再建立一个模块3,这个模块中写入开启UserForm1窗体并清空窗体内容的一段程序代码,在下个步骤中将会通过控件按钮来执行。

按照如下说明撰写此模块的程序代码(也可以直接复制案例所提供的程序代码贴入)。

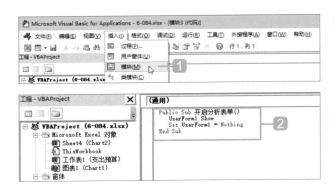

1 单击"插入"按钮,在下拉菜单中选择"模块"选项,会新增一个模块3,并开启其空白模块的编辑视窗。

2 输入程序代码,此段程序代码可以开启UserForm1窗体并清空窗体内容。

建立开启宏的执行按钮

完成前面使用VBA设计窗体和程序的部分，再来就是回到Excel工作表中插入一个可以启动VBA表单的按钮。

1 在"开发工具"工具栏中单击"插入"按钮，在下拉菜单中选择"表单控件"中的"按钮"选项。

2 在下方的空白单元格上，如左图所示按住鼠标左键不放拖曳出一个按钮区块。

3 放开鼠标左键后会自动弹出"指定宏"对话框，在"宏名"清单中单击刚刚建立的模块"开启分析表单"，单击"确定"按钮。

在工作表上建立好表单按钮后，为了方便操作时知道此按钮的功能，因此要先修改按钮上标注的文字。

1 回到工作表，在该按钮上单击一下鼠标右键，选择"编辑文字"选项。

2 将文字修改为"支出比较分析"。

3 在任一空白处单击一下鼠标左键完成编辑。

单击刚刚制作完成的"支出比较分析"按钮，会开启VBA表单，现在就来试试该表单和使用者互动产生不同条件分析的效果吧。

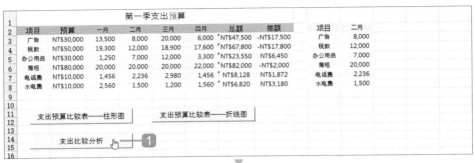

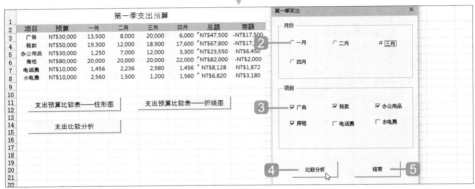

1. 在工作表上单击刚刚新增的"支出比较分析"按钮，即可弹出"第一季支出"对话框。

2. 在对话框中选择想要浏览的月份（一月、二月、三月或四月），只能勾选一个项目。

3. 在对话框中选择想要浏览的项目（广告、税款、办公用品、房租、电话费、水电费），可以单选或多选，也可以全选。

4. 选好"月份"和"项目"后单击"比较分析"按钮，工作表中会在单元格K2显示所选择的月份，在单元格K3至K8显示所选择的项目该月份支出的值，并在右侧自动建立一个柱形图。

   可以再根据需求选择其他月份和项目，只要单击"比较分析"按钮就会产生相对的值并建立柱形图，让使用者可以快速获得不同条件下的分析数据和图表。

5. 最后单击"结束"按钮即会关闭对话框回到Excel的编辑操作模式。

SmartArt 图形建立数据图表

SmartArt拥有多种图表类型，如列表图、流程图、循环图、关系图等，每个类型都包含多种不同的版式，可以让数据以多样化的方式进行呈现。

85 SmartArt 图形设计原则

面对大量的资料和数据时，除了用图表图形化的方式呈现外，使用 SmartArt 图形工具也是一种不错的方式。SmartArt 图形可以简单地突出数据重点，通过视觉化呈现流程、概念、层次和组织关系，不仅能更有效地传递信息或表达想法，也能增添内容的多样性。

制作过程如下：

1. 确定主题。
2. 选择合适的 SmartArt 图形。
3. 输入数据内容。
4. 设定样式、颜色和装饰。

以下提供了 SmartArt 的设计原则可供参考。

例1：选择合适的 SmartArt 图形样式

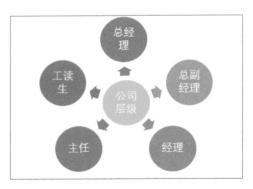

✖ 层级式的数据，如公司成员的架构用放射形的图形来呈现较不合适，无法表现由上至下的从属关系。

○ 层级式的数据较常用的是 SmartArt 图形中的"层次结构图"，如果想要较特别的呈现，"棱锥图"也是一种不错的选择。

例2：图形色彩和方向的关联性

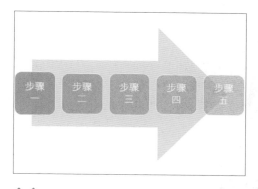

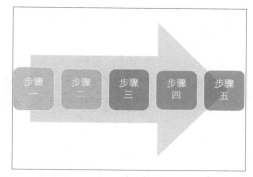

✖ 一般来说，浅色代表事件的起点，深色代表事件的终点。当图形代表数据的顺序关系时，就需要注意色彩的使用是否恰当。

◯ 步骤一至步骤五的图形如果想要设计不同的颜色，必须由浅至深。如果后方的箭头要设计渐变色，也需要遵守相同的色彩设计原则。

例3：符合观众的浏览习惯

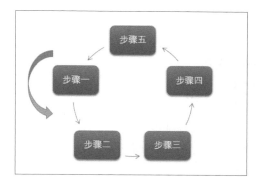

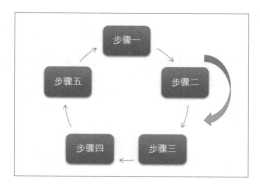

✖ 遵循由上至下、由左至右、由内至外的设计原则。上图中逆时针的呈现方式违反了一般观众浏览的习惯。另外，图形的起点（步骤一）的位置没有位于十二点钟的方向。

◯ 以"循环图"来说，一般的浏览习惯是从十二点钟的方向沿着顺时针进行浏览。只有符合观众浏览习惯的图形才能更有效地呈现内容。

86 建立 SmartArt 图形

SmartArt 图形可以让报表变得更加专业，也可以加强或说明图表内容，和各类图表可以说是Excel中相辅相成的两个工具。SmartArt 图形中的每一个图形表示一个不同的概念或构想，建立的方式十分简单，通过预设的多款样式套用即可。

Step 1 打开 SmartArt 对话框

1 选取任一单元格。

2 在 "插入" 工具栏中单击 "SmartArt" 按钮，打开 SmartArt 对话框。

Step 2 选择想要套用的 SmartArt 图形样式

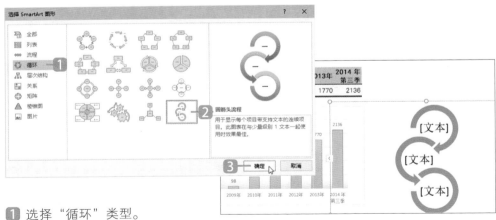

1 选择 "循环" 类型。

2 选择 "圆箭头流程" 样式。

3 单击 "确定" 按钮，即可在工作表中建立 SmartArt 图形。

87 调整 SmartArt 图形的大小与位置

为了方便编辑和符合工作表的内容需求，可以适当地调整 SmartArt 图形的大小和位置。

Step 1 手动调整 SmartArt 图形的位置和大小

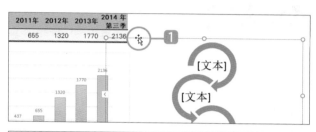

1. 选取整个 SmartArt 图形后，将鼠标指针移至工作范围框上呈 ✥ 状时，按住鼠标左键不放，可以拖曳 SmartArt 图形到适当的位置。

2. 选取整个 SmartArt 图形后，将鼠标指针移至 SmartArt 图形四个角的控点上呈 ✎ 状时，按住鼠标左键不放拖曳可以调整整个图形的大小。

Step 2 用精确的数值调整 SmartArt 图形的大小

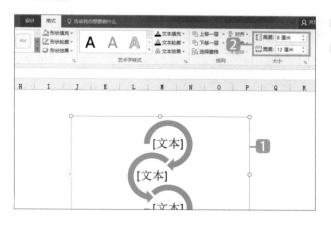

1. 选取整个 SmartArt 图形。

2. 在"格式"工具栏的"大小"功能区中输入"高度"和"宽度"的值即可。

88 利用文本窗格输入文字

插入 SmartArt 图形后，就可以根据需求开始输入相关的文字内容。

Step 1 打开文本窗格

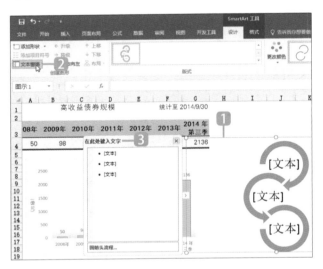

1. 将鼠标指针移至 SmartArt 图形上呈状时，单击一下鼠标左键呈现选取状态。

2. 在"设计"工具栏中单击"文本窗格"按钮。

3. SmartArt 图形左侧会打开文本窗格。

Step 2 输入相关的文字内容

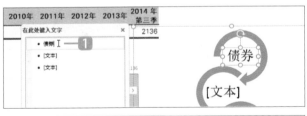

1. 在文本窗格的第一层单击一下鼠标左键，输入文字"债券"。

2. 按 **Shift** + **Enter** 组合键进行强迫分行后，再输入文字"收益机会"。

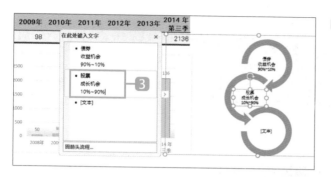

3 如左图所示，用相同的方式在文本窗格的第一层的第三行和第二层输入其他文字。

Step 3　删减 SmartArt 图案

在这里只需要两组数据，所以请参考以下方式删除第三个 SmartArt 图形。

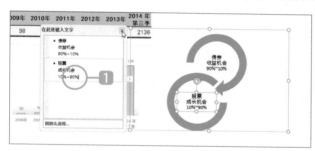

1 将插入符移至第二层最后一个字的后面，按 Del 键即可删除第三层的空白区域，此时会发现右侧的 SmartArt 图形也缩减成了两个。

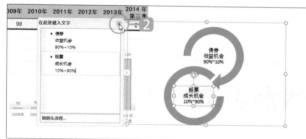

2 完成后单击右上角的"关闭"按钮关闭文本窗格。

── TIPS ──

快速打开文本窗格

在选取整个 SmartArt 图形的状态下，如右图所示单击一下 SmartArt 图形左侧的按钮，即可打开 SmartArt 图形的文本窗格。

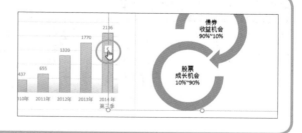

89 调整 SmartArt 字体样式

可以针对图表的内容，给 SmartArt 图形的文字套用合适的格式。

Step 1 一次设定 SmartArt 图形中所有文字的格式

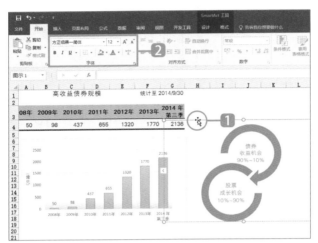

1 选取整个 SmartArt 图形。

2 在"开始"工具栏的"字体"功能区中，可以为图形中的文字设定合适的字体、大小、颜色等格式。

Step 2 单独设定 SmartArt 图形中文字的格式

SmartArt 图形中的文字，可以通过单独选取套用不同的格式。

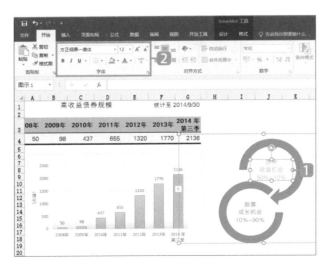

1 选取 SmartArt 图形中想要调整格式的文字。

2 在"开始"工具栏的"字体"功能区中设定合适的字体、大小和颜色。

90 利用版式快速改变图形样式

建立好的 SmartArt 图形可以使用"版式"功能快速改变图形样式。

Step 1 打开"版式"清单

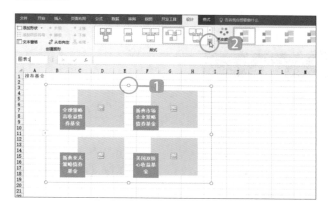

1 选取整个 SmartArt 图形。

2 在"设计"工具栏中单击"版式"功能区中的"其他"按钮。

Step 2 选择合适的版式

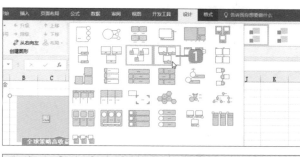

1 在清单中选择合适的版式进行套用。

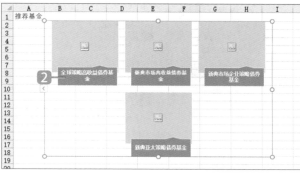

2 SmartArt 图形即改变为所需要的样式。

7 SmartArt 图形建立数据图表

91 给现有的 **SmartArt** 图形新增形状

SmartArt 图形预设约有3~5组数组（形状），如果想要增加形状的数量，可以通过"添加形状"功能实现。

Step 1 新增 SmartArt 形状

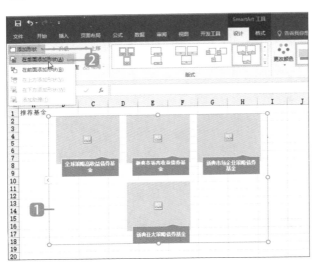

1 选取整个 SmartArt 图形。

2 在"设计"工具栏中单击"添加形状"按钮，在下拉菜单中选择"在后面添加形状"选项（或者打开文本窗格，在想要新增内容的位置按 **Enter** 键，就会在后方自动生成新的形状和文本框）。

Step 2 给新增的形状添加文字

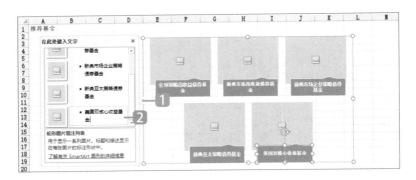

1 单击一下 SmartArt 图形左侧的按钮，打开"文本窗格"。

2 输入相关文字到 SmartArt 所对应的文本框中。

92 改变 SmartArt 图形的形状

通过"更改形状"功能改变 SmartArt 图形的形状,以呈现最佳的视觉效果。

Step 1 选取需要改变的形状

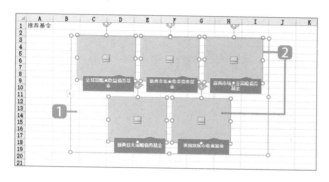

1. 选取整个 SmartArt 图形。

2. 按住 **Shift** 键不放,一一选取需要改变的形状(在此选择浅蓝色的配置图片的区域)。

Step 2 选择要更改的形状

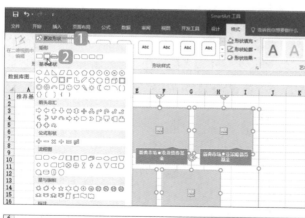

1. 在"格式"工具栏中单击"更改形状"按钮。

2. 在形状列表中选择合适的形状。

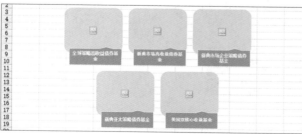

◀ 即可看到 SmartArt 图形已经改变为所要的形状。

93 给 SmartArt 图形插入图片

SmartArt 图形的版式中预设已经有多款设计好的图片配置区，让你在设计图形时也可以轻松指定要加入的图片，不需要调整大小，图片就会根据配置区的设计自动调整。

Step 1 打开"插入图片"对话框

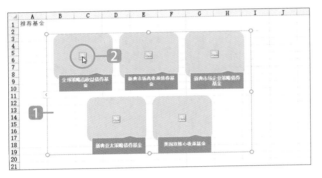

1 选取整个 SmartArt 图形。

2 单击第一个图片配置区上的"插入图片"图示。

Step 2 选择合适的图片

1 在"插入图片"对话框中单击"来自文件"右侧的"浏览"按钮。

2 在打开的对话框中选取合适的图片。

3 单击"插入"按钮，即可完成图片的插入。

根据相同的方式，完成其他四张图片的插入。

94 给 SmartArt 图形添加底色

预设的 SmartArt 图形没有底色，有时会因为背景而看不清楚 SmartArt 图形的样式，可以借助于添加底色让 SmartArt 图形的内容更加清楚。

Step 1 选择图形填充的颜色

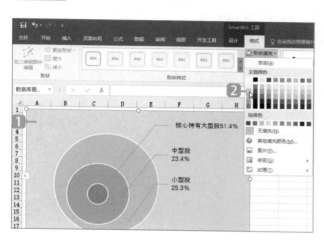

1 选取整个 SmartArt 图形。

2 在"格式"工具栏中单击"形状填充"按钮，在主题颜色清单中选择合适的颜色进行套用。

Step 2 选择要套用的渐变效果

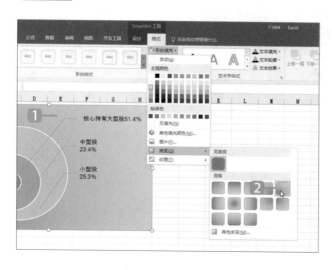

1 选取整个 SmartArt 图形。

2 在"格式"工具栏中单击"形状填充"按钮，选择"渐变"选项，在列表中选择合适的渐变效果进行套用。

95 改变 SmartArt 图形的视觉效果

预设的 SmartArt 图形显得较为单调，无法吸引浏览者的目光，可以套用设计好的
SmartArt 样式加强视觉上的效果。

Step 1 打开 SmartArt 样式清单

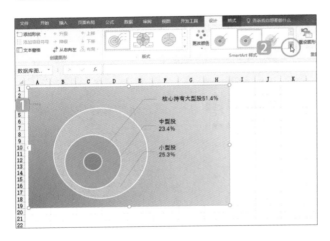

1 选取整个 SmartArt 图形。

2 在"设计"工具栏中单击
"SmartArt 样式"功能区
中的"其他"按钮。

Step 2 选择合适的视觉效果

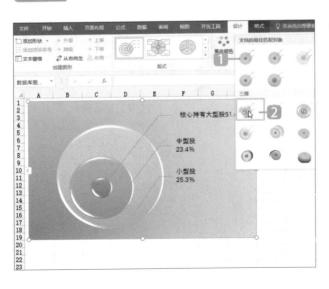

1 清单中提供了14种设计
样式，将鼠标指针移动到
各样式上即可预览套用的
效果。

2 在清单中选择合适的样式
进行套用即可。

96 改变 SmartArt 图形的颜色样式

Excel中有许多设计好的颜色样式，给 SmartArt 图形穿上一件彩衣，可以让 SmartArt 更加多样化。

Step 1 打开 SmartArt 颜色样式清单

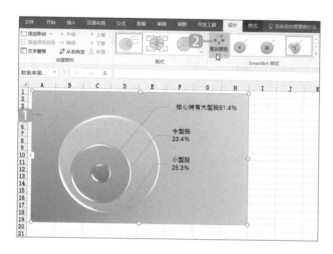

1️⃣ 选取整个 SmartArt 图形。

2️⃣ 在"设计"工具栏中单击"更改颜色"按钮。

Step 2 选择合适的颜色样式

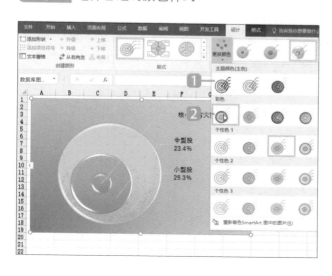

1️⃣ 清单中提供了38种颜色样式，将鼠标指针移到各颜色样式上即可预览套用的效果。

2️⃣ 在清单中选择合适的颜色样式进行套用。

7

SmartArt 图形建立数据图表

Part

8

图表和其他软件的整体应用

设计完成的图表还可以呈现在PowerPoint幻灯片中，或者打印，或者转成PDF、XPS文件用E-mail传送，让图表不仅仅呈现在Excel中。

97 将数据表和图表打印在同一页中

制作好的数据表和图表，打印时常会遇到最后一行或一列或部分图表被放置到第二页的情况，该如何调整才能将数据表和图表在同一页打印呢？

打印之前先通过"打印预览"命令呈现工作表的打印结果，未调整前如果看到数据有部分被转移到下一页，则要调整格式保证能够打印出完整的数据。

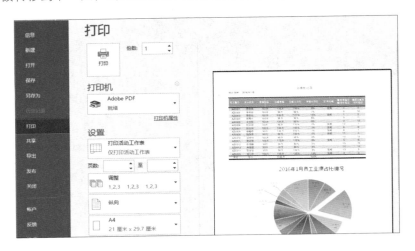

Step 1 设置打印区域

① 先选取想要打印的单元格范围，作为打印对象。

② 在"页面布局"工具栏中单击"打印区域"按钮，在下拉列表中选择"设置打印区域"选项。

打开 "页面设置" 对话框

在 "页面布局" 工具栏中单击 "页面设置" 按钮, 打开 "页面设置" 对话框。

Step 3　设置打印缩放比例

1️⃣ 单击 "页面" 标签。

2️⃣ 勾选 "缩放比例" 选项, 再在输入框中输入合适的缩放比例值 (如果不确定要调整的比例, 可以直接勾选 "调整为" 选项, 在 "页宽" 和 "页高" 前的输入框中输入1, 这样就可以让数据表和图表缩放在一页中进行打印)。

3️⃣ 单击 "打印预览" 按钮。

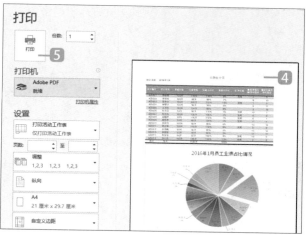

4️⃣ 在 "打印预览" 窗口中可以看到数据表和图表已经按照指定的比例或页宽、页高缩放呈现。

5️⃣ 确认数据正确地显示在页面后, 单击 "打印" 按钮即可开始打印文件。

8 图表和其他软件的整体应用

98 让打印内容显示在纸张中间

打印数据表和图表时，打印内容会预设显示在纸张的左上角，然而某些专业的文件会要求将打印出来的图表摆放在纸张中间。以下将使用"页面设置"功能将打印范围内的数据表和图表按照要求居中呈现。

Step 1 打开"页面设置"对话框

在"页面布局"工具栏中单击"页面设置"按钮，打开"页面设置"对话框。

Step 2 设置"页边距"

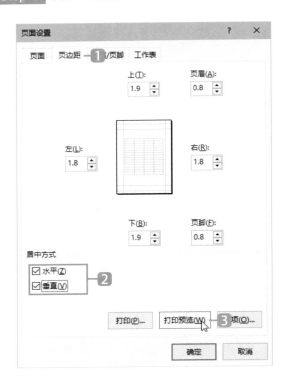

1 单击"页边距"标签。

2 在"居中方式"下分别勾选"水平"和"垂直"选项，文件会摆放在纸张的正中间。

3 单击"打印预览"按钮，就可以看到数据表已经按照指定的方式进行了调整。

99 将图表转存为PDF或XPS格式

图表、报表、库存管理、行政公文等复杂且机密的文件，如果希望使用者在浏览或打印文件时不能任意改变内容，可以将文件另存为PDF或XPS格式，不但可以固定页面布局，也可以达到轻松检查、共用或打印的功能。

认识PDF和XPS文件格式

- **PDF**（Portable Document Format）：对外公告和内部数据流通的浏览文件格式，可以防止文件被篡改，也可以维持原文件格式的完整性。

- **XPS**（XML Paper Specification）：一种电子文件格式，不但可以固定页面布局、保存格式、享有文件共用功能，更具有绝佳的机密和安全性。

Step 1 确认页面内容

要将Excel文件转换为PDF或XPS格式，是根据打印文件的设定进行的，所以在开始转换格式前，需要先使用前面说明的预览和打印设定，先确认文件内容是否完整地显示在页面中。

Step 2 导出为PDF或XPS文件

确认后按照如下操作将文件进行导出。

❶ 单击"文件"工具栏。

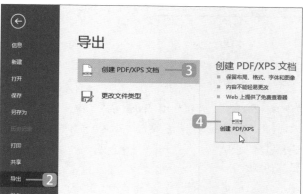

❷ 单击"导出"按钮。

❸ 在"导出"窗口中单击"创建PDF/XPS文档"按钮。

❹ 单击"创建PDF/XPS"按钮。

243

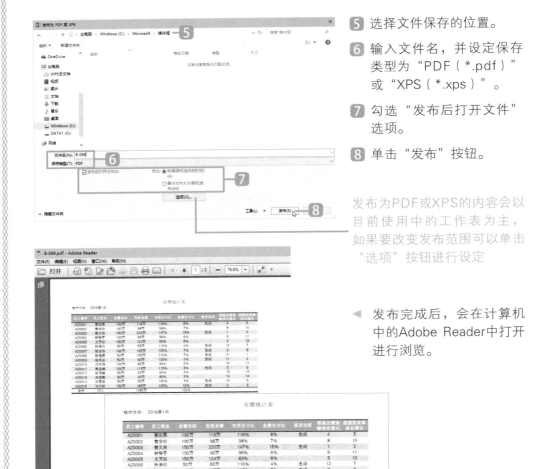

5 选择文件保存的位置。

6 输入文件名，并设定保存类型为"PDF（*.pdf）"或"XPS（*.xps）"。

7 勾选"发布后打开文件"选项。

8 单击"发布"按钮。

发布为PDF或XPS的内容会以目前使用中的工作表为主，如果要改变发布范围可以单击"选项"按钮进行设定

◀ 发布完成后，会在计算机中的Adobe Reader中打开进行浏览。

TIPS

检查PDF或XPS文件

（1）在Windows 8 系统下，要检查PDF文件，预设使用"阅读方式"打开检查。若是Windows 8 之前的版本，计算机上必须安装PDF读取程序，其中一种读取程序是由Adobe公司（http://www.adobe.com/tw/）所提供的Adobe Reader。

（2）若是另存为XPS格式时，在Windows 8 系统下会直接打开"阅读方式"进行查看。

100 将图表插入PowerPoint幻灯片中

通过"链接"的方式，可以将Excel制作好的图表嵌入到PowerPoint幻灯片中方便使用，也可以在图表数据更新时，在Excel或PowerPoint同步更新，可以节省许多的制作时间以及避免数据输入错误的问题。

Step 1 复制Excel中的图表

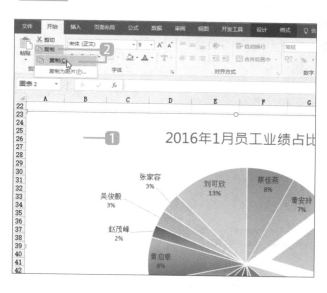

1 选取图表。

2 在"开始"工具栏中单击"复制"按钮。

Step 2 打开PowerPoint软件进行粘贴

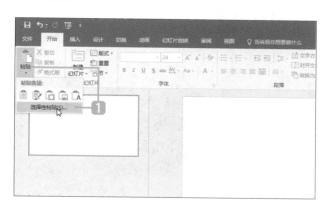

1 打开需要粘贴Excel图表的PowerPoint文件，在"开始"工具栏中单击"粘贴"按钮，选择"选择性粘贴"，打开"选择性粘贴"对话框。

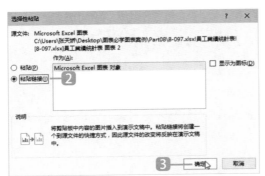

2 勾选"粘贴链接"选项。

3 单击"确定"按钮。

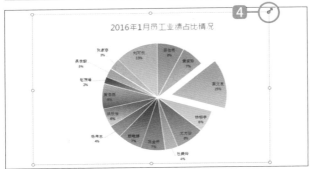

4 即可看到刚才在Excel中复制的图表已经粘贴到PowerPoint中，可以将鼠标指针移到图表四个角的控点上，当鼠标指针呈 ⬉ 状时按住鼠标左键不放，拖曳缩放图表至合适的大小。

Step 3 测试同步更新图表数据

回到Excel工作表中，将员工"杜美玲"的完成业绩从原本的55万改为100万。

4	员工编号	员工姓名	业绩目标	完成业绩	完成百分比	业绩百分比	是否完成
5	AZ0001	蔡佳燕	100万	116万	116%	8%	完成
6	AZ0002	黄安玲	100万	98万	98%	6%	
7	AZ0003	蔡文良	150万	220万	147%	14%	完成
8	AZ0004	林柳宇	100万	96万	96%	6%	
9	AZ0005	尤万珍	150万	124万	83%	8%	
10	AZ0006	杜美玲	50 **1**	100万	200%	7%	**2** 完成
11	AZ0007	陈金伟	100万	105万	105%	7%	完成
12	AZ0008	赖艳婷	50万	105万	210%	7%	完成
13	AZ0009	杨伟志	50万	60万	120%	4%	完成
14	AZ0010	洪欣怡	100万	83万	83%	5%	
15	AZ0011	黄启银	100万	113万	113%	7%	完成
16	AZ0012	赵茂峰	50万	30万	60%	2%	
17	AZ0013	吴俊毅	50万	40万	80%	3%	

1 选取单元格D10后，将原本的55万改为100万。

2 可以看到业绩百分比由4%更改为7%。

3 图表数据中的百分比也立即更新。

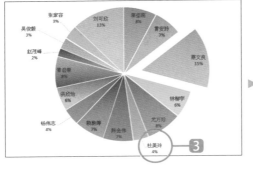

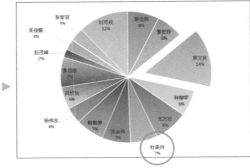

回到PowerPoint中检查已经插入的图表，会发现图表数据因为设定了链接，所以图表也会立即更新。

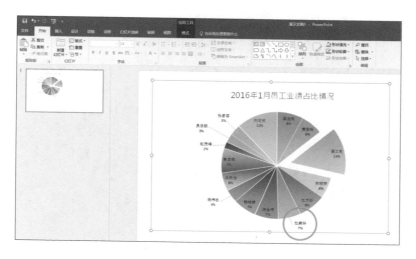

注意：设定了链接的文件不能任意地改变文件储存的相对位置或Excel文件名，这样会找不到链接的文件，从而影响数据的更新。

─ TIPS ─

更新图表的数据

（1）当PowerPoint软件是关闭状态而又在Excel软件中更新图表的数据时，再次打开PowerPoint软件，会出现一个重新链接的对话框，只要单击"更新链接"按钮，PowerPoint中的图表就会立即更新。

（2）若是Excel和PowerPoint两个软件同时打开时，更新Excel中图表的数据，而PowerPoint图表没有更新时，可以在PowerPoint图表上单击一下鼠标右键，选择"更新链接"选项即可。

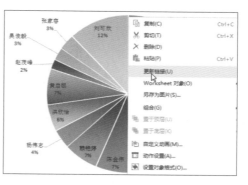